78

単位は進化する

究極の精度をめざして

安田正美 著

DOJIN SENSHO

まえがき

私は、茨城県つくば市にある国立研究開発法人産業技術総合研究所（産総研）計量標準総合センター 物理計測標準研究部門 時間標準研究グループ（長いですね）というところで、おもに時間（秒）を正確・高精度に決定する時間標準についての研究を行っています。そこでは、光格子時計という新しいタイプの原子時計の研究開発をしており、時々、実験室見学にも対応してきました。多くの方々は、実験室に入ると、装置の複雑さと規模の大きさに驚かれます。「時計」という名前からイメージするものとは、かけ離れたものだったからです。

見学にこられた方には、できるだけわかりやすく、また、せっかくですから、面白い説明をするように心掛けてきました。思い返すと、それ以前から私自身にそのような傾向があったようです。大学で助手を務めていたころ、研究室の見学に訪れた学生さん相手に、原子のレーザー冷却の原理のたとえとして、「転がしたボーリングの球（原子に相当）に対抗して、大量の仁丹の粒（レーザーの光子に相当）をマシンガンのようにぶつけると、いつかは停止する」というようなことを話していました。

日々の研究活動の傍らでそのような心掛けを持ちつつ、大学での非常勤講師の仕事や、ラジオ出演（2012年には、久米宏さんと生放送で対談させていただきました）など、広報活動にも積極的に取り組んできました。その成果の一つが、2014年に出版された『1秒って誰が決めるの？―日時計から光格子時計まで』（筑摩書房）でした。この本は、おもに時計や時間についての解説書だったのですが、ところどころに、他の単位についてもコラムとして記載しました。なので、みなさまが手に取られた本書は、その自然な発展形といえると思います。

本書を執筆するにあたり、計量標準の研究に従事しているにもかかわらず、自分の専門以外の単位についての知識不足がいかに大きいかということを痛感しました。某大学で単位や計測全般についての講義を受け持つことになったのをきっかけに勉強を始め（他人に何かを教えるには、その人よりも少しだけ多く知っていなくてはなりません）、その過程で、個別の単位の違いや個性を認識するとともに、共通する事柄があることも見いだしてきました。とくに、単位の進化の過程には、共通する考え方が背景にあることに気づかされました。そこで本書のタイトルを、『単位は進化する―究極の精度をめざして』としました。

2018年は、質量の単位、キログラムの130年ぶりの定義変更を含めた、SI（国際単位系）大改定の年となります。質量のほかに、電流（アンペア）、熱力学温度（ケルビン）、物質量（モル）の定義がまとめて改定されます。改めてそれぞれの単位の発展の歴史を振り返る、とてもよい機会を与えていただいたことに感謝する次第です。キログラムの定義である国際キログラム原器は、人工物によるものとしてはもっとも長く君臨してきました。まさに、単位の王様といってもよいでしょう。それが、その地位を追われるわけです。人類の歴史にも通じる、「単位の興亡史」ともいえるお話が展開します。

このような変遷・進化は、自然に起こったものではなく、必ず背景に何らかのモチベーションが存在します。その大もととなったのは、（国際的な）経済・通商上のニーズです。そのほかにも、より正確・精密に諸現象をとらえて表現したい、その結果として、人間の認識の限界を越えたいという科学上のニーズがあります。このように、人間がある程度恣意的につくった単なる約束事・ルールともいえる単位ですが、それは、科学・技術、そして、イノベーションの大きな源泉でもあるのです。

空気と同じように、普段は意識することのない単位ですが、本書を読み進めて、それがやはり空気と同じように、なくてはならない大切なものであると認識していただければ幸いです。

単位は進化する　目次

執筆協力／桜井裕子

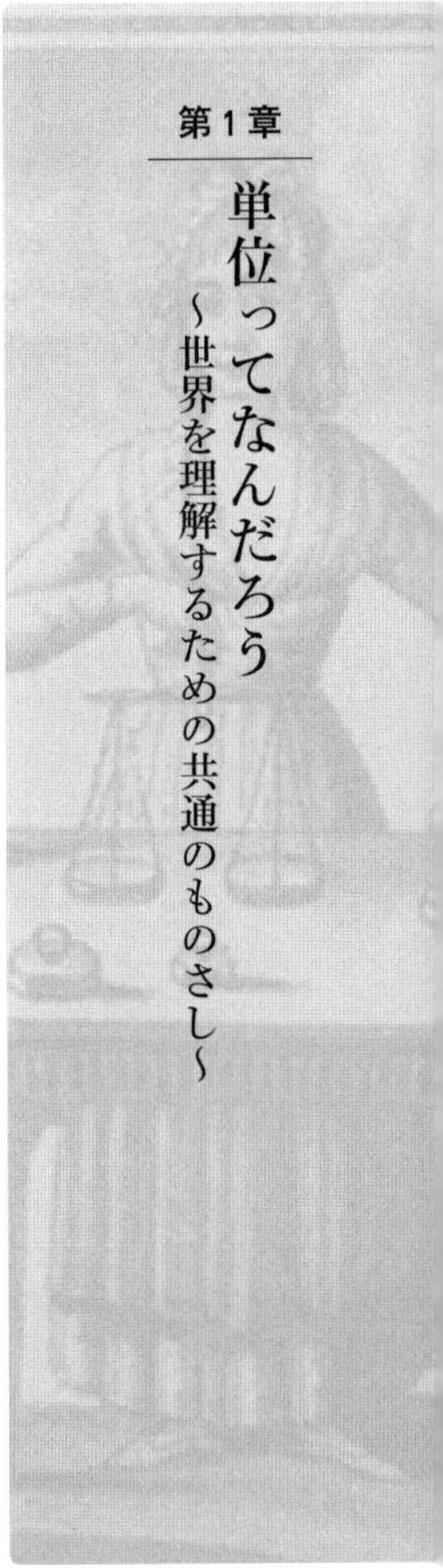

第1章

単位ってなんだろう
～世界を理解するための共通のものさし～

今、みなさんのまわりにいる人は、どのようなことをしているでしょうか。

カフェにいる人なら、隣の席の人がスマホでメールのやりとりをしていたり、ＰＣで書類を作成したりしているかもしれません。友人どうし、「今朝は寒かったね、外はマイナス１℃だって」などと話している人もいるでしょう。引越しの予定があるのか、間取り図の並ぶサイトを熱心に見ている人もいます。28平方メートル、駅から徒歩７分、８万５０００円。時計に目をやり、そろそろ行く時間だと席を立った人は、レジでコーヒー代３５０円を支払っています。どこにでもある、特別なことのない日常の風景です。

メールをしたり、おしゃべりをしたり、不動産物件を選んだり、時間を確認したり、お金を払ったり。そのような日常の行為がスムーズに進んでいくのには、理由があります。私たちは、他の人たちとスムーズにコミュニケーションできるように、これまでにさまざまな共通理解のための基盤をつくりあげてきたからです。

外の世界をどのようにとらえ、理解し、象徴化して記述するか。言葉も、通貨も、単位も、私たち人間が〝世界をこうとらえた〟ということの表れであり、とらえた世界をそれぞれのかたちで象徴化させた共通理解のための基盤です。私たちのまわりの世界には、具体的なものも抽象的な概念もありますが、そこにある世界をどう見るか、どのようにすれば伝えることができるか、そして、より正確に伝えるためにはどうすればよいかということに、いつの時代の人間も挑戦してきた、ということができると思います。

外界を把握し、理解し、記述するツールといったとき、言葉については当然そういうものだと、すんなり納得できる人が多いと思います。言葉は私たちの外界だけでなく、内面にある世界もとらえ、表現することができます。表現された言葉を受け取った相手も、理解の程度によって多少の差は生じるものの、基本的には表された内容を受け取ることができます。だから、言葉によってコミュニケーションが成り立つわけです。

通貨もやはり、そのようなツールであるといえます。ほしいものを手に入れたいとき、通貨が発明される以前の人間社会では、物々交換が行われていました。何かをどんどん持ってきて、「これと同じ価値だと思えるものを持ってきてください」と。対応した相手は、同等の価値だと思われるものを持ってきます。お互いが納得しなければ、ものを前にして足したり引いたりが行われたでしょう。しかし、あらゆるものに対して、一つ一つそんなことをするのは面倒ですし、価値判断を主観に頼らざるを得ないために、渡すものの価値と受け取るものの価値が、他の人の目からもイコールに見えるとは限らないという問題も出てきます。物々交換するのはあくまで両者にとって主観的に同程度と思われる価値のものとものであり、客観的に見ると、どちらかが損をしているようなこともあったでしょう。

あるときその世界に、お金という抽象的な基準が登場してきました。これにより通商の世界は大きく変わります。ものの価値はお金という〃共通言語〃によって一元的に記述できるようになり、ものはその抽象的な基準に基づいて交換できるようになったのです。これでいちいち〃同程度の価値だと思われるもの〃を持ってこなくてもよくなりました。渡したお金が多ければ釣銭を返すことで調整し、どちらかが一方的に損をするようなこともありません。通貨という共通の基準ができ、その場その場の主観的な価値判断が不要になったことで、取引を行う際の利便性は高まりました。

そして、この本のテーマである単位というものもまた、私たちが世界を把握し、理解する方法の一つだといえます。

一　単位の誕生

単位とは何か

ものを理解するときには二つの側面があります。一つは、心地よい、軟らかい、おいしい、いい匂いがするなど、そのものが持つ性質を把握する定性的理解。もう一つは、何センチメートルか、何秒か、何アンペアかというように、どのぐらいの量のものであるかを把握する定量的理解です。この定量的理解のためのルールでありツールでもあるのが、単位というものです。

定量的な理解の方法にも、デジタルとアナログという二種類があります。

歴史的に、定量的理解は、リンゴが1個、2個、3個、ヒツジが1頭、2頭、3頭というように、身近なものの数を数えることからスタートしたといってよいでしょう。このように数を数えることで量を把握するのは、デジタル的な理解の方法です。

アナログ的な理解の方法は、何らかの基準をつくり、その基準をもとに、その2倍、その4倍というように量を把握する方法です。長さなら手の大きさや足の大きさなどをもとに、その何個分であるかを測っていく方法が、洋の東西を問わず歴史的によく用いられていました。これを身体尺といいますが、たとえば西洋では古くから「キュービット」という単位が使われてきました。1キュービットはメートルに換算すると0・4572メートルで、これは人間の肘から中指の先までのあいだの長さに由来しています。肘から中指の先までの長さの2倍であれば2キュービット、3倍であれば3キュービットです。

定量的理解にはこのようにデジタルとアナログという二つの構造があり、単位は、この二つを組み合わせて定量的理解をするツールとして生まれ、進化してきたわけです。

ニーズに合わせて進化する単位

いきなり単位が「進化する」と書きましたが、単位が進化するといわれても、ピンとこない人もいるかもしれません。単位は巻尺や定規のように実体を持つ道具ではない、ただの抽象的な基準です。しかし、そんな単位というものも、時代とともにつねに進化を続けているのです。本書はそのような単位の進化をテーマとしていますが、本題に入る前に、まずは単位がどのように誕生したかを考えてみたいと思います。

長さ、質量、時間、電流、温度など、量にはそれぞれの個性があります。しかし、単位が生まれるきっかけはどれも同じ、「量を測りたい」というニーズがあったということです。

たとえば長さを測りたいという欲求はとても身近なものです。土地を測量する、服をつくるために身体の寸法や布の長さを測るなど、何かをつくるときに必要になるのが長さという量であり、これを標準化（基準を決めること）しようと考えるのは必然的な流れでしょう。単位という基準があれば、何かをつくってもらうときに、いちいち同じ長さのものを見本として持っていかなくても、「幅は1メートル、高さは50センチメートル」などと伝えることができます。質量も、時間も、温度もそうでしょう。人とやりとりするものの量を計りたい、育てた家畜の体重を測りたい。どのぐらいの時間が過ぎたのか知りたい。どのぐらいの暑さなのか、熱さなのか知りたい。いずれも量を測りたいという人間の欲求がまずあり、測る決まりごととしての単位が生まれ、標準化されていく。そのような流れをたどって、今私たちが使っているような単位ができてきたわけです。

電気は比較的新しい量ですが、電気自体はもともと自然界にあるものです。金属などを触ったときに静電気がバチッとくるのは昔も今も変わりませんし、つるつるしたものをこするとホコリが吸い付くことは古代ギリシャ時代から知られていました。18世紀にベンジャミン・フランクリンが雷雨の中で凧を上げて実験したことで、初めて雷の正体が電気だと明らかになりましたが、雷自体ももともと自然界には存在していたものです。

ただ、古代ギリシャの哲学者タレスにしても（琥珀《こはく》を磨いていたときに、摩擦でホコリが琥珀の表面に付くのを発見しました）、18世紀のフランクリンにしても、当時は電気の性質に驚いたり、雷の強弱などを感じたりすることはあっても、その量を測るという発想はなかったでしょう。感覚的にとらえるという点では、たとえば、私たちが味をとらえているのと似たようなものだったのではないかと思います。

長さも温度も、もともとは感覚からスタートします。味というものも、私たちは〝薄味〟しょっぱすぎる〟など、感覚でざっくりととらえています。そして味自体、ある程度測ることはできても、現代でもまだ単位化されておらず、量としては曖昧なままです。これは人間の味に対する理解がそこまで進んでいないということでもあります。

味を測定する装置としては、甘味《かんみ》、苦味、うま味、塩味《えんみ》、酸味という5項目のレーダーチャートで表す「味覚センサー」があります。個別の味を計測する技術は、すでにあるわけですね。いずれ、甘味を出しているのはこの物質であり、この物質の量がこのときに甘味がいくつだという1対1の対応づけが、より科学的に実現する可能性があります。それができたときに、味という感覚についても、より限定して定量化できるようになるかもしれません。そうなるとそれが業界内で慣習的に広がっていき、さまざまなメーカーが味覚センサーを開発するようになり、それぞれの機器によって測定結果が違うということが起きてくると考えられます。そのとき、各社がどのようなベクトルを使い、どのような軸でどう量を表すかが異なっていれば混乱が生じるはずです。

そのような模索と混乱の過程を経て、あとになってから、実はそれが単位化できるものだったと気づく可能性があります。そうなったとき初めて、味の〝量〟を測れるようになり、味も統一された単位によって定量化できるようになるかもしれません。

19世紀には、おそらく電気も、そのように感覚的な、どこか謎めいたとらえどころのない量だと認識されていたのではないかと思います。それが次第に、照明が発明され、モールス信号などの通信ができるようになり、モーターを動かせるようになり……と電気を利用する技術が進んできたことで、電気は人間社会にとってとても役に立つということがわかってきます。そうすると、きちんと量を測りたい、測らなくてはいけない、というニーズが出てくるのです。より明るい照明や、よりスムーズな通信技術をつくるには、電気の量を把握し、コントロールしなくてはなりません。もっとよく照らしたい、よりよい照明をつくって他社に勝ちたい。もっと速く、遠くに離れた家族にメッセージを伝えたい。単位はこのように、人間がそれを使って何かをしたいという思いを持つことから始まります。人間の意思や必要性からつくられ、制度化されていくのが単位というものなのです。

正確さというニーズ

さて、単位という共通のツールを用いて世界をとらえることができれば、身近な人とのコミュニケーションがスムーズになり、ものづくりにも便利になることはわかりました。このとき、できるだけ多くの人たちと同じ方法で把握できれば、話はもっと早くなるし便利だと考えるのは自然なことです。日本人とフランス人が会話をするとき、通訳を介してやりとりするよりも、お互いの母語ではないけれども、英語という共通言語を用いたほうが話が早い、ということと同じ理屈です。それゆえ単位は歴史を通じて共通化・統一化の方向に進化してきました。

同時に、その対象をできるだけ正確にとらえて記述したいという欲求も、当然、出てきます。

身長を知りたいとき、背を比べて二者を比較したり1年前につけた柱の傷と比べたりするようなアナログな方法よりも、175・3センチメートルとデジタル的に測るほうが、その対象ずばりの量が把握できますね。また、身長の場合は175・32センチメートルという細かいところまで知る必要はないでしょうが、速さを競うスポーツ（たとえば100メートル走）の場合は、「10秒1」も「9秒9」も同じ「10秒」とされてはたまりません。「9秒9」にしても、「9秒91」なのか「9秒90」なのかで話はまったく違ってきます。

単位が「秒」であることは変わらなくても、1秒の中をより細かい目盛りで刻んでいくことで、より正確に、より高精度にものごとが把握できるようになります。できるだけ広い範囲で同じ単位を使えるようにする共通化・統一化の方向だけではなく、それぞれの単位の精度を上げるという方向でも、単位は進化を続けています。

二　なぜ共通の単位が必要なのか

ツールは共通化に向かう

単位が進化するということは、言葉がどう進化してきたかということと似ているところがあるかもしれません（言葉の場合は進化というより「変化」かもしれませんが）。

言葉は地理的な影響が大きく、それぞれの地域で生まれた言葉は、人の移動に伴って、まず地理的に近い場所から徐々に遠方へと広がっていきました。あちこちで生まれ、あちこちで広がった言葉は、それぞれ異なる言語として世界にいくつも併存しています。

世界中にいくつ言語があろうと、その地域や国家の中で話をしているぶんには、自分の母語だけわかれば問題はありません。しかし、他の言語を使う地域の人とやりとりをしようとなると、どちらかの人が相手の言葉を知らない限り、話が通じず、困ったことになります。身振り手振りで最低限の意思の疎通はできたとしても、抽象的な概念や学問上の難題、複雑な商売のルールについて身振りだけで話を進めるのは不可能でしょう。

母語の異なる人たちのあいだでも、スムーズに意思の伝達がしたい。そのような思いから19世紀につくられたのが、「エスペラント」という世界の共通言語です。しかし、バベルの塔に対する神の怒りのごとく、人工の言語であるエスペラントは、便利なはずなのになかなか広がりませんでした。結局、力の強いアメリカ、イギリスの言語である英語が国際社会のデファクトスタンダードになり、私たち日本人もなぜか英語を勉強したほうがよいということになっています（エスペラントには、特定の民族、国家にだけ都合のよいことを避けるという、中立公正の理念があったのですが）。

話を戻すと、各国、各地域には固有の言語がありますが、世の中がグローバルなものになるに従って、統一された言語、共通の言語へのニーズが生じてくるということです。そして現在のところ、英語が世界の共通語という役割を担っている。個別にバラバラと存在しているものがある一方、世界共通のものを求める流れがある、ということがわかります。

通貨についても同じようなことがいえます。EU（欧州連合）の例が非常にわかりやすいと思いますが、1993年にヨーロッパの国々が集まってEUという統一された枠組みをつくり、通貨も統合して、各国の独自の通貨を使うのをやめることにしました。それによりEU加盟国は現在、ユーロという共通通貨を用いています（イギリスなど一部の国は従来の通貨を用いたままですし、そもそもイギリスはEUからの離脱を表明していますが、政治的な話になるのでここでは触れません）。共通の経済圏として共通の通貨を使うことで、経済面をはじめ、さまざまなメリットがあると考えられたためです。

さらに現在は、ビットコインに代表される、インターネットを介してやりとりされる全世界共通の仮想通貨まで登場しています。グローバルな経済活動をしようとするときには、やはり統一の通貨、共通のツールがあるほうが便利なのです。

単位の違いは誤解のもと

単位も、まずはそれぞれの地域に、それぞれの文明や国の事情に合わせて、その地域内で使われるローカルなものがいくつも生まれました。そういわれるとメートル法に対する日本の尺貫法が思い浮かぶかもしれませんが、歴史的にはそれ以上に狭い範囲でしか使われていない単位がたくさんありました。

たとえば、地方領主がそれぞれの領土を治めていた時代のフランスには、800種類もの単位があったといいます。いってみれば町ごとに異なる単位を使っていたようなものですが、それは、その地域の住民の関心が広さ自体よりも作物の生産高にあったからです。1メートル、1平方メートルというのはニュートラルな長さを示していますが、その時代に必要とされたのは単なる数字としての広さではなく、生産高、すなわち日当たりがよいとか土地が肥えているとかいった、土地の価値を含めて表される単位でした。土地の状況はそれぞれの地域によって異なるので、町ごと、地域ごとに異なる基準がつくられたわけです。単位、度量衡の始まりは、科学というよりも経済と密接に関わっていたことがわかります。今でも度量衡を管轄するのは日本では経済産業省、アメリカでも商務省なので、基本は変わっていないといえるかもしれません。

さて、そのように町ごとに単位が違っていても、人々がその地域内でしか生活しないのなら、さしたる不便はありません。しかし、人やものはどんどん移動していきます。隣町から商人が生糸や織物を売りにきたとしましょう。長さの単位が異なっていると、どのぐらいの量がほしいのかを正確に相手に伝えることさえ容易ではありません。いちいち各地域で使われる単位に換算するのは面倒ですし、基準より少ない量しか渡してくれないなど、ずるいことをされても、すぐには気づかないかもしれません。

やりとりする相手が隣国だけであれば、その時々で単位の換算表を見ながら取引するのもよいでしょう。しかし、単位は地域によって何種類もあり、毎回、同じような苦労をしなくてはならないわけです。しかも毎回、自分が損をしているのではないかと疑心暗鬼になります。

単位が違っていたら、あるいは単位の名前が同じでもそれが表す物理量が異なっていたら、理解はスムーズに進まず混乱が生じます。税の徴収も、異なる単位をもとにしていては、どこで不公平が生じるかわかりません。単位を統一することにより、そういった混乱は解消され、ずっと便利に、ずっと楽に、ずっと公平になるわけです。

アメリカでは今でも長さと質量はヤード・ポンド法を、温度については摂氏（セルシウス度＝℃）ではなく華氏（ファーレンハイト度＝℉）を用いているので、ふだん自分が使っているのとは異なる単位で量を把握することの不便さ、煩わしさを体験した人は多いのではないでしょうか。天気予報で華氏90度といわれてもどのぐらいの温度かピンときませんが、摂氏で30度といわれればすぐわかります（なお本書では、断りがない限り、「度」は「℃」の意味で用います）。

余談になりますが、アメリカの研究者は一般に、摂氏と華氏の換算にとても慣れています。日常生活では華氏を用いていても、科学技術研究のグローバルな場においては摂氏が主流だからです。私たちも海外旅行に行くと、最初のうちは25ユーロだと何円だっけといちいち換算しますが、数日滞在しているうちに慣れてきて、いちいち換算しなくても、ざっくりと3000円ぐらいなどと把握できるようになりますね。そのような感じです。

しかし、慣れれば概算できるようになるとはいえ、それでは精度の高い理解にはなかなか到達できません。非合理的なローカルの単位の世界から離れ、世界共通で使えるグローバルな基準をつくれたら、それに越したことはないわけです。

共通化から高精度化へ

単位の世界で、最初に共通化に向けたアクションを起こしたのはフランスでした。1790年、フランス革命直後、長さ（メートル）と質量（キログラム）を基準とした「メートル法」が制定されます。これは十進法に基づいたシンプルでわかりやすい単位系でした。ここから単位は、それまでの身体のサイズなどのような空間的な基準から離れ、抽象化されたものになっていきます。個別の単位の進化の歴史については、第2章で説明します。

単位がメートル法の体系で統一されると（といっても、フランス国内でも普及には100年近い時間がかかりましたし、世界の単位は現在もまだメートル法で統一されているわけではありませんが）、今度は単位の精度を上げる努力が始まっていきます。これは、言葉でいえば、定義をより厳密にしていくことで、表したい対象について、より誤解なく正確に記述できるようにしていく行為と似ています。

私自身は現在、1秒という単位について、より精密で正確なものとするための研究を続けています。1秒がより精密なものになることで、時間だけではなく長さについても、より正確に測ることができるようになります。

三　いろいろな単位系

基本単位と組立単位

ここまで、「単位」というもの自体について、とくに説明をすることなく述べてきました。ここで一度、単位をめぐる現在の状況を見ていきたいと思います。

単位というのは、ある量を計量して数値として表すときの基準となるものです。本書の冒頭にカフェの風景を描写した一文を置きましたが、そこには、℃、平方メートル（㎡）、分、円という単位が出てきました。℃は温度の、㎡は広さの、分は時間の、円は通貨の単位で、いずれも日常生活の中で頻繁に使われています。

しかし、これらは「基本単位」ではありません。基本単位といわれるものは、次の七つだけです。

長さ：メートル（m）
質量：キログラム（kg）
時間：秒（s）
電流：アンペア（A）

熱力学温度：ケルビン（K）
光度：カンデラ（cd）
物質量：モル（mol）

また、基本単位といっても、これらはあくまで「国際単位系（SI）」の基本単位です。SIとは、国際度量衡委員会が管轄する、現在の単位の標準としてもっとも代表的な単位系です。SIは、上記の七つの量について明確に定義された単位を基礎として構築されています。

その七つの単位が「基本単位（SI基本単位）」で、それ以外の、たとえば面積の単位である平方メートル（m^2）や体積の単位である立方メートル（m^3）、速度を表すメートル毎秒（m／s）、あるいは平面角の単位であるラジアン（rad）、周波数の単位ヘルツ（Hz）など、複数の基本単位を結合することで定義された単位は「組立単位（SI組立単位）」といいます（表1－1、1－2）。先に出た「m^2」は組立単位です。図1－1に基本単位と組立単位の関係を示します。

SI単位系以外の単位

「℃」はSIとは関係のない慣用的に使われている単位であり、分はSI単位の「秒」と連動する単位ですが、SI単位の体系にはとくに入っていません。

表 1-1　基本単位を使って表される SI 組立単位の例

組立量	名称	記号	組立量	名称	記号
面積	平方メートル	m^2	電流密度	アンペア毎平方メートル	Am^{-2}
体積	立方メートル	m^3	磁界の強さ	アンペア毎メートル	A/m
速さ・速度	メートル毎秒	m/s	量濃度・濃度	モル毎立方メートル	mol/m^3
加速度	メートル毎秒毎秒	m/s^2	質量濃度	キログラム毎立方メートル	kg/m^3
波数	毎メートル	m^{-1}	輝度	カンデラ毎平方メートル	cd/m^2
密度・質量密度	キログラム毎立方メートル	kg/m^3			
面密度	キログラム毎平方メートル	kg/m^2			

表 1-2　固有の名称を持つ SI 組立単位（22 個）

量	単位の名称	単位記号	基本単位による表現
平面角	ラジアン	rad	$m \cdot m^{-1} = 1$
立体角	ステラジアン	sr	$m^2 \cdot m^{-2} = 1$
周波数	ヘルツ	Hz	s^{-1}
力	ニュートン	N	$m \cdot kg \cdot s^{-2}$
圧力、応力	パスカル	Pa	$m^{-1} \cdot kg \cdot s^{-2}$
エネルギー、仕事、熱量	ジュール	J	$m^2 \cdot kg \cdot s^{-2}$
工率、放射束	ワット	W	$m^2 \cdot kg \cdot s^{-3}$
電荷、電気量	クーロン	C	$s \cdot A$
電位差（電圧）、起電力	ボルト	V	$m^2 \cdot kg \cdot s^{-3} \cdot A^{-1}$
静電容量	ファラド	F	$m^{-2} \cdot kg^{-1} \cdot s^4 \cdot A^2$
電気抵抗	オーム	Ω	$m^2 \cdot kg \cdot s^{-3} \cdot A^{-2}$
コンダクタンス	ジーメンス	S	$m^{-2} \cdot kg^{-1} \cdot s^3 \cdot A^2$
磁束	ウェーバ	Wb	$m^2 \cdot kg \cdot s^{-2} \cdot A^{-1}$
磁束密度	テスラ	T	$kg \cdot s^{-2} \cdot A^{-1}$
インダクタンス	ヘンリー	H	$m^2 \cdot kg \cdot s^{-2} \cdot A^{-2}$
セルシウス温度	セルシウス度	℃	K
光束	ルーメン	lm	$m^2 \cdot m^{-2} \cdot cd = cd \cdot sr$
照度	ルクス	lx	$m^2 \cdot m^{-4} \cdot cd = m^{-2} \cdot cd$
（放射性核種の）放射能	ベクレル	Bq	s^{-1}
吸収線量・カーマ	グレイ	Gy	$m^2 \cdot s^{-2}$（=J/kg）
（各種の）線量当量	シーベルト	Sv	$m^2 \cdot s^{-2}$（=J/kg）
酵素活性	カタール	kat	$s^{-1} \cdot mol$

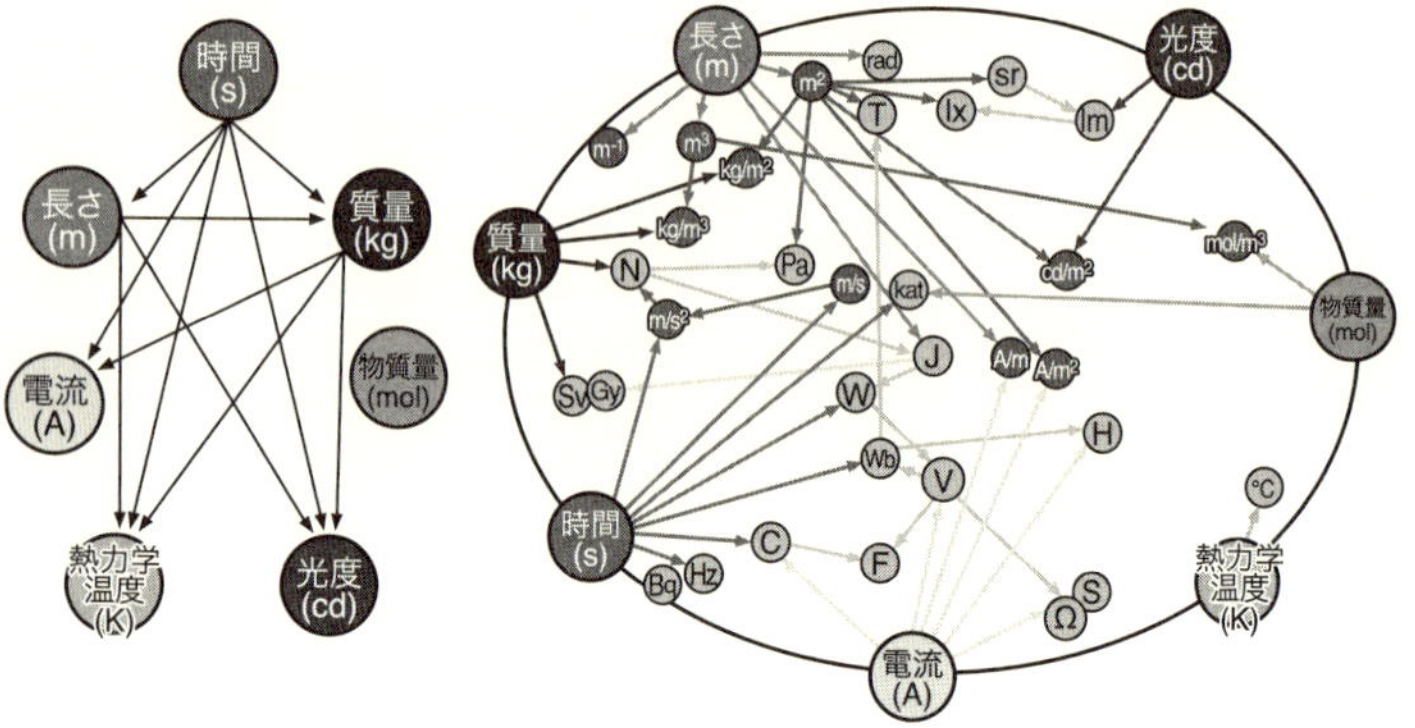

図 1-1　基本単位の依存関係と基本単位と組立単位の関係　左の図は新しい定義になった場合。

そして、値段を示す円はこれらの計量単位の体系とは関係のない「通貨単位」です。

国際社会でも日常生活でも現在はおもにSI単位系が使用されていますが、必ずしもこの単位系がすべてではないわけです。さきほども述べたように、アメリカでは今もメートル法ではなくヤード・ポンド法に基づいて社会が構築されていますし、物理学の世界でも、理論を記述するときにはSI単位系ではなく「自然単位系」を使う場合もあります。

自然単位系というのは、光の速度や重力などのような物理定数を1として、それを基本単位にして構築する単位系です。光の速度はSI単位系では2億9979万2458m／s（≒30万キロメートル毎秒）ですが、自然単位系ではそれを1と定義して計算します。しかし、その理論を現実の世界に戻すときには、やはりSI単位に換算します。そうしないと〝言葉〟が通じないままになってしまうからです。

単位の〝翻訳ミス〟としては、NASAの火星探査機の事故が有名です。1999年に打ち上げられた火星探査機「マーズ・クライメート・オービター」は、予定されていた高度よりかなり低い軌道に入り、そのまま行方不明となってしまったのですが、その原因がメートル法とヤード・ポンド法の取り違えにあったというのです。ありえないほど初歩的なミスですが、異なる単位系が併存していると誤解が生じたり、混乱が起こったりするということをよく示しています。異なる国、立場、業界の人たちと一つのことをするときには標準化されているほうがよいということです。

単位系にはほかに、メートル、キログラム、秒を基本単位とする「MKS単位系」（19世紀までの力学的世界観は、これら三つの単位で十分に表すことができました）、センチメートル、グラム、秒を基本単位とする「CGS単位系」、さらにはもっとマイナーなものなど、さまざまなものがあります。しかし、現在はSI単位系を国際標準として用いるということで、国際的な合意に達しています。

SI単位への違和感

余談になりますが、国際的な合意に達しているからといって、SI単位系に対してみなが両手を挙げて素晴らしく合理的なものだと思っているとは限りません。私は物理学を専門としていますが、物理学者の中にはSI単位系に違和感を覚えている人は少なくありません。理学的な観点から見ると、基本単位の中に、基本単位というほど〝偉くもない〟と思われる単位が含まれているのは不思議だ、ということになります。何しろ物理学者というのは、あらゆることを還元して考えようとする人たちです。あらゆるものは分子や原子からできているし、一見複雑そうなものも単純なものの組み合わせでできていると理解したい、そういう本能がある人たちです。そのように、できるだけ少数の構成要素から世の中を理解したいと考える物理学者からすれば、単位というものも当然そうであってほしいわけです。

しかし、SI単位系はそうなってはいません。たとえば、明るさというものは単位面積、単位時間あたりのエネルギーの流れにすぎないわけですが、エネルギー量で一元化して表現せず、わざわざ明るさの単位を基本単位（カンデラ）としてつくっています。それは、社会や産業界からしてみれば、明るさはエネルギー量として見ずに、やはり「明るさ」として理解したいからです。この「誰が、どう理解したいのか」という視点は重要です。物理学者の気持ちはどうあれ、さまざまな立場の人がいるのが社会であり、そのような社会や産業と密接にかかわっているのが単位というものなのです。

物理学者の気持ちはさておき、国際標準として用いられているのはSI単位系なので、本書では基本的に、SI単位系に基づいて説明していきます。次の章ではそのSI単位がどのように決められているかを見ていくことにしましょう。

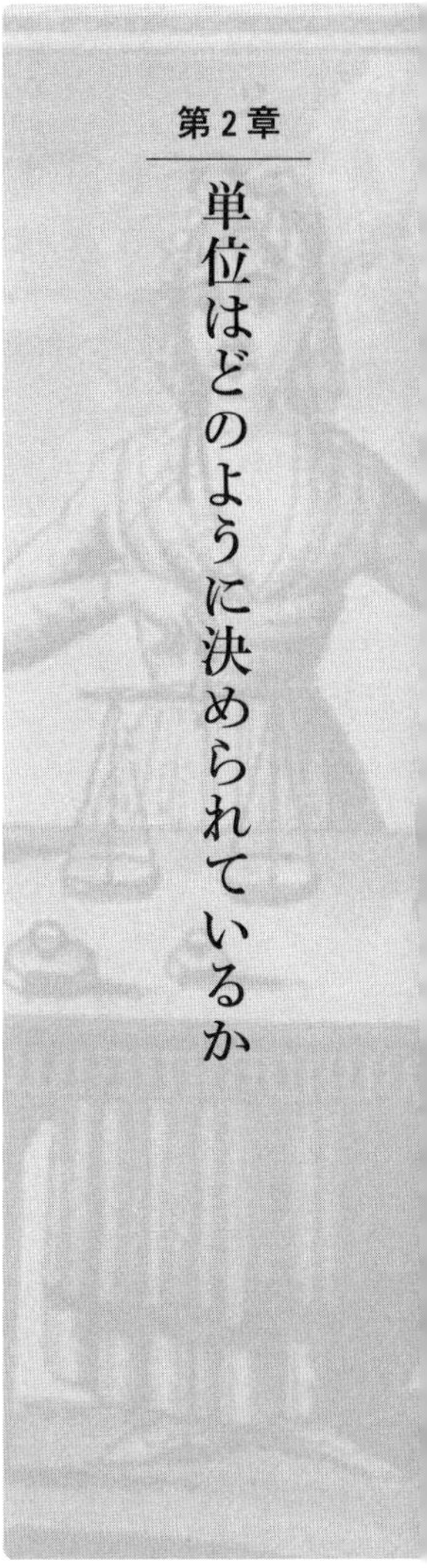

第2章
単位はどのように決められているか

第1章の最後にSI単位をごく簡単に紹介しましたが、この章の話を進めるにあたり、SI基本単位のそれぞれの定義を表2－1に示します。一読しただけでは何のことかわからないものもあると思いますが、ここではそういうものだと思っていただければ十分です。なお、定義のあとの年号は、国際度量衡総会でその定義が採用された年を表します。

一　国際単位の始まり

最初はメートルとキログラム

基本単位の定義が決められた年に、かなりのバラつきがあることに気づかれたでしょうか。歴史的な経緯をざっと見ておきましょう。

表 2-1　SI 基本単位の定義

単位		定義	採用年
長さ	メートル（m）	1 秒の 299,792,458 分の 1 の時間に光が真空中を伝わる行程の長さ。	1983 年
質量	キログラム（kg）	国際キログラム原器の質量。	1889 年
時間	秒（s）	セシウム 133 の原子の基底状態の二つの超微細構造準位の間の遷移に対応する放射の周期の 9,192,631,770 倍の継続時間。	1967〜1968 年
電流	アンペア（A）	真空中に 1 メートルの間隔で平行に配置された無限に小さい円形断面積を有する無限に長い二本の直線状導体のそれぞれを流れ、これらの導体の長さ 1 メートルにつき 2×10^{-7} ニュートンの力を及ぼし合う一定の電流。	1948 年
熱力学温度	ケルビン（K）	熱力学温度の単位、ケルビンは、水の三重点の熱力学温度の 1/273.16 である。	1967〜1968 年
光度	カンデラ（cd）	カンデラは、周波数 540 × 1012 ヘルツの単色放射を放出し、所定の方向におけるその放射強度が 1/683 ワット毎ステラジアンである光源の、その方向における光度である。	1979 年
物質量	モル（mol）	1．モルは、0.012 キログラムの炭素 12 の中に存在する原子の数に等しい数の要素粒子を含む系の物質量であり、単位の記号は mol である。 2．モルを用いるとき、要素粒子が指定されなければならないが、それは原子、分子、イオン、電子、その他の粒子又はこの種の粒子の特定の集合体であってよい。	1971 年

フランスがメートルという単位をつくり、十進法に基づいたメートル法という単位系を制定したのは1791年のことです（メートル法制定に関する決議は1790年）。これがフランス革命直後であることは偶然ではありません。フランス革命という民主主義革命によって近代の幕を開けたフランスは、近代的な合理主義精神に則った新しいしくみを各方面で推し進め、その一環として、普遍的な新しい標準をつくることをめざしたのです。

しかし、単位は社会のあらゆることと結びついているため、フランス国内でも従来の使い慣れた単位から切り替えることは難しく、なかなか浸透していきません。本格的な普及が始まったのは、1837年にメートル法以外の単位の使用が法律で禁止されてからのことでした。

単位を共通化したいのは他の国々も同じです。19世紀には通商もより盛んになっており、1867年の万国博覧会をきっかけに、他国もシンプルでわかりやすい単位系であるメートル法を採用することになりました。1875年、度量衡の国際的な統一を目的に、17か国によってメートル条約が締結（日本の加盟は1885年）。とはいえこのときに議論の対象となったのは、長さと質量の二つの単位だけでした。すなわち、国際的な共通単位としてはメートルとキログラムの歴史がもっとも古いということです。

なお、SI単位系の〝SI〟というのは、フランス語で「国際単位系」を意味する「Le System International d'Unites」の頭文字をとったもの。この名前にも、フランス発祥の単位系であることが刻印されています。

同じ1875年に、単位の統一を進めるための組織も発足しました。事務局となる「国際度量衡局」、計量学者たちによって構成される諮問委員会「国際度量衡委員会」、加盟国の代表が集まって意思決定を行う機関「国際度量衡総会」です。国際度量衡総会の第1回は1889年に開かれ、1メートルは国際メートル原器の長さ、1キログラムは国際キログラム原器の質量と定義されました。その他の単位についても、その後の国際度量衡総会で定義されていきました。

ここでふたたび現在の定義を見てみると、質量の定義は1889年に定められたままですが、長さの定義は変わっていることがわかります。それぞれの単位の定義は、時代に応じて変遷しているのです。

つまり、SI単位系はあくまでルールであり、決して固定的なものでも閉鎖的なものでもなく、開放的な構造を持っているということです。開放的であるからこそ、進化もしていきます。そして、固定的ではないということは、将来的にずっと基本単位が七つのままであるとも限らないということです。何かの単位が別の単位と統合される日も、いつかくるかもしれません。

【コラム①】

単位をつくったら、使ってもらわなくてはならない

大きな労力をかけて一つの単位をつくったとしても、それが社会で広く使われなくては何のためにつくったのかわかりません。単位は多くの人々に使われてこそ意味をなすものです。

単位に限らず、「標準」についても同じことがいえます。「ある基準をつくって普及させる」ということ、すなわち規格をつくることについては歴史的にヨーロッパの力が強く、国際規格を制定するＩＳＯ（国際標準化機構）にしても、電気工学系の国際規格の制定を担うＩＥＣ（国際電気標準会議）にしても、本部はスイスのジュネーブに置かれています。「標準」「規格」とはルールのことなので、それをつくることで自分たちの発言力を高めることができますし、あとから異なるルールや妙なルールを持った者が新規参入してくるのをブロックすることができます。つまり、ルールをつくることで、その世界を〝牛耳る〟ことができるわけです。

とはいえもちろん、標準化の本来の意図はそのような政治的なところにあるわけではなく、やはり単位と同じように、統一したほうが便利で社会にとって有益だから、というのが第一義です。

標準化していなかったことによる不利益としては、19世紀後半にアメリカのボストンで起こった歴史的な大火のエピソードがよく知られています。火事を消火するにあたり隣接地域からも消防隊が応援にきたのですが、消火栓とホースをつなごうとしたところ、接続部のサイズが合わなかったのです。水も

ホースもそこにあったにもかかわらず、応援にきた消防隊は消火活動ができず、それもあって火災の被害が大きくなってしまいました。

これは極端ですが、非常にわかりやすい例だと思います。標準化しておけばどれでも使えますが、標準化されていなければ使えるものと使えないものが出てきます。単位もそれと似ています。その単位に統一され、みなが使うようにならなければ、本来の統一された単位の便利さが発揮されることはありません。

単位の普及義務

しかも、統一された単位という便利なものができたからといって、あとは黙っていても自然にそれに統一されていくわけでもありません。よほどのメリットがない限り、一般の人々はそれまで慣れ親しんでいた基準を手放さないので、単位を統一していこうというときには、やはり何らかの強制力が必要となります。そのため国際度量衡局はメートル条約の締結国に対して普及義務を課し、条約締結国ではそれぞれの国で計量法を制定して、法の力をもってSI単位系を普及させる努力をしているわけです。それは世界を閉じたものにしない努力、コミュニケーションの際にできるだけ誤解を生じさせないための努力だということができるでしょう。

とはいえ、どの国も等しく普及のための努力をしているかというと、必ずしもそうとはいえません。日本は決められたことに従うのが得意なので、明治以来ずっとSI単位系の普及に熱心に取り組んできていますが、アメリカではいまだに日常生活の中でメートル法がそれほど使われていません。国際的に決めたルールでも、ルールに従う気がないところに普及させていくのは難しいということがわかります。

その点、日本は変えるとなるとパッと変えてしまいます。ある程度以上の年齢の方であれば、気象情報などで耳にしていた大気圧の単位「ミリバール（mbar）」が、1992年に突然「ヘクトパスカル（hPa）」に変わったことを覚えていると思います。国際単位系としては、大気圧の単位は1954年からヘクトパスカルであり（SI組立単位）、世界気象機関（WMO）でもそれに従って1979年からヘクトパスカルを使用していました。日本では日常生活で慣れ親しんだミリバールを慣習的に使っていましたが、国際度量衡委員会の推奨単位はあくまでSI単位系の単位であるため、日本でも1992年にヘクトパスカルに切り替えることになったわけです。量的には1ミリバール＝1ヘクトパスカルなので、それほど大きな混乱はなく切り替えられたと記憶しています。

SI単位は、量をこのようにとらえようという国際的な約束事です。そして、そのような約束事、ルールをつくることと、そのルールに人々を従わせることは別の話です。しかし、決めるほうとしては多くの人にルールに従ってもらいたいので、一方的で恣意的なルールではなく、それに従ってもよいとみなが思えるようなルールをつくる必要があるわけです。第3章では、フランスが長さの単位「メートル」を定めるにあたり、他の国にも納得してもらえる公平な単位にしようと奮闘する話が出てきます。ルールに従ってもらうには、「これなら従ってもいい」と多くの人が思えるようなルールをつくること、そして、法律などをつくって実際にそのルールを守ってもらうようにすることが大切なのです。

科学技術の進展が定義を変える

時代に応じて単位の定義が変遷していくことを、長さを例に見ていきましょう。

現在の長さの定義は1983年に改定されたものですが、1889年より以前には、1メートルは「地球の子午線の赤道から北極までの長さの1000万分の1」とされていました。フランスは実際の測量に基づいて、その長さを表すメートル原器をつくっていましたが、単位が国際的な場で議論され、研究されるものになると、その長さが実際と少し異なることがわかってきました。そして、当時の科学技術でできる限り正確にメートル原器をつくり直し、その「国際メートル原器」を1メートルの基準であると定義したのです。

しかし、科学技術はどんどん進んでいきます。白金90%、イリジウム10%の合金でつくられた人工物である「国際メートル原器」は不変であると考えられていましたが、ごくわずかに伸び縮みしていることがわかってしまいました。不安定な基準は基準とはいえません。より安定的で不変の基準を求めて研究が行われ、1960年、クリプトン86原子のスペクトル線の波長を用いた定義に変更されました。さらに1983年には、レーザー技術の進展に伴い、光の速さと関連づけられた定義に変更されました。光の速さは基礎物理定数であり、不変の数値です。長さの定義はもうこれ以上進化できない地点にまで到達し（少なくとも、現代の科学技術の理解の範囲においては）、基準として〝上がった〟ということができます。

長さの単位の変遷については第3章でもっとくわしく見ていきますが、要するに、単位は科学技術の進展に伴って進化していくということです。そして、単位が進化し、より精密な計測が可能になることで、科学技術もさらに進化していくのです。

一方で、質量の定義は１８８９年に定義されて以来１３０年近く変更されないままです。しかも、定義となっている国際キログラム原器は、国際メートル原器と同じく白金90％、イリジウム10％の合金でつくられた人工物です。国際メートル原器が時代にそぐわなくなって60年近く前に定義から姿を消したというのに、質量はまだ人工物を基準としているわけです。現在、SI単位系のうち、人工物を基準としているのは質量のみ。この時代遅れの定義は２０１８年の第26回国際度量衡総会で改定されることが予定されています。

二　なぜ単位は再定義されるのか

単位の興亡

質量の定義が時代遅れだとはいっても、国際キログラム原器は、国際メートル原器の失墜から半世紀以上も質量の基準として君臨してきました。これは、国際キログラム原器に代わる精度の高い基準がなかなか見つからなかったことの表れでもあります。単位の歴史の初期から基準の座を降りることのなかった国際キログラム原器は、単位の世界の王様であるということができるのです。

定義の文言もとてもシンプルです。「国際キログラム原器の質量」。これだけです。なんともわかりやすい。それに対して、あとから登場してきた時間や電気の単位の定義はずいぶん長くなり、シンプルでわかりやすい基準とはいえません。

電気の量の定義など、1メートル間隔で置かれた無限に長い電線2本があり、そこに働く力を1アンペアにする、というような、無理やりこじつけたとしか思えないような言い方になっています。もちろんそれには理由があります。長さ、質量という〝先輩たち〟につながるかたちで電気も定義しようとしたからです。単位の世界のルールは、すでにメートルやキログラムという先輩たちによって決められていました。あとからきた後輩は先輩たちのルールに従い、先輩たちの使う言葉で話さなくてはいけなかったというわけです。

しかし、先輩たちがいつまでも威張っていられるかというと、そうではありませんでした。後輩の電気が急激に力をつけてきたのです。科学技術の世界はもとより一般社会においても、電気が担う役割はどんどん広がり、非常に重要なものになってきました。それに伴いカバーする範囲が広がるだけではなく、精度も上がってきました。

精度が上がると、それまで認識できなかったものが認識できるようになってきます。肉眼で見えなかったものが顕微鏡で見えるようになり、顕微鏡で見えなかったものが電子顕微鏡で見えるようになったのと同じように、電気の世界の精度が上がると、それまでの人間が知ることのできなかった新しい世界が広がってきます。科学は新たな視界を得ることで、さらに先へと発展していきます。

世界の〝解像度〟がそのように上がっていくと、旧態依然とした基準のままでは世界は十分にとらえきれなくなり、それに合わせた新しい単位が必要になってきます。メートル原器が定義から陥落したのは、新しい時代にそぐわなくなったからです。20世紀の科学技術は、合金の人工物による定義では間に合わないほど高精度なものになっていました。単位の王様だったキログラム原器も、21世紀を生き延びることはできなかったのです。

年とともに重くなる？　キログラム原器

国際キログラム原器には大きな問題があります。人工物なので、何年も経つうちにごくごくわずかにですが、質量が変化するのです。

国際キログラム原器は〝基準〟ですから、世界に一つしかありません。フランスのセーブルにある国際度量衡局が、三重の気密容器の中で真空を保って厳重に保管しています。ほかに複製約40個が世界各国に配布され、それぞれの国における1キログラムの標準となっています。日本では私の勤める産業技術総合研究所（産総研）の計量標準総合センターが、日本で唯一キログラム原器を保有しています（図2-1）。

質量の標準となるキログラム原器はとても大切なもので、通常、表に出されることはありません。金属が変質しないように環境が調整された金庫のようなところで、しっかりと保管され

図 2-1　産業技術総合研究所が保管するキログラム原器　写真提供：産業技術総合研究所

ています。どこの国でも原器はそのように保管されています。

それにもかかわらず、キログラム原器の質量は変化します。これまでに三回、各国のキログラム原器を集めて校正が行われましたが、図2-2を見ると、キログラム原器の質量は年を経るにつれておおむね重くなっていくのがわかります（ところどころ、軽くなっているところもありますね。要するに安定していないということです）。重くなっていく理由は水蒸気やガスが表面に吸着していくからだとか、軽くなる理由は計量前の洗浄により表面が若干削れるからではないかとか、さまざまな説がありますが、とにかく質量は変動しているわけです。国際度量衡局（BIPM）の職員は、校正などで取り出すときに手で触れることさえしたくないと述べています。持ったときに表面の原子のいくつかが取れてしまうのではないかと気になるのだそうです。

しかし、国際キログラム原器がいくら重くなったとしても、1キログラムは、重くなったぶんも含めた国際キログラム原器の質量です。なにしろ1キログラムの定義は、「国際キログラム原器の質量」なのですから。たとえ、50年前の国際キログラム原器の質量に比べて0・00

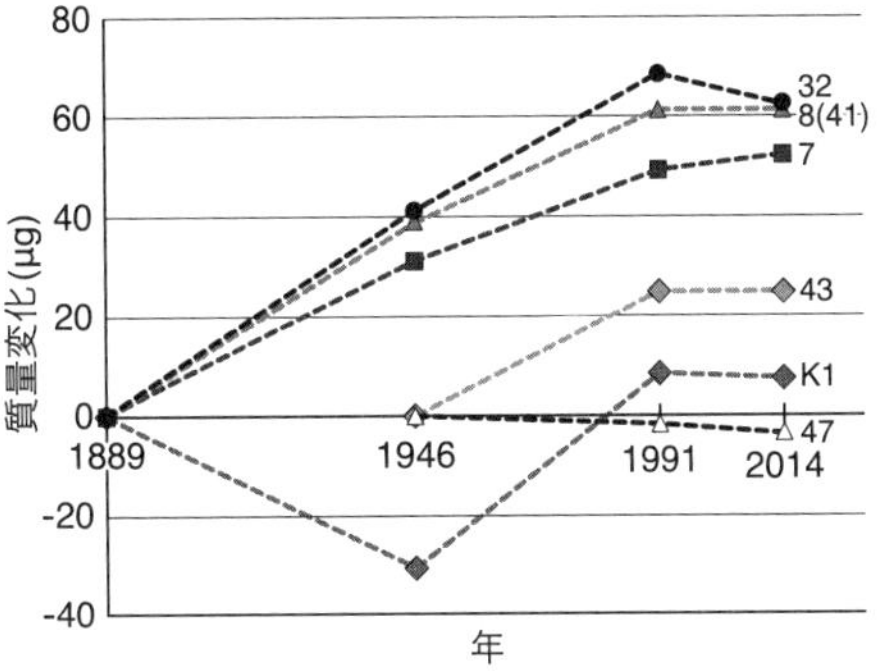

図 2-2　キログラム原器および副原器の経年による変化

BIPM のホームページ（https://www.bipm.org/en/measurement-units/rev-si/why.html）を参考に作成。

00001キログラム重くなり、50年前の基準で考えたら1・0000001キログラムになっていたとしても、それが現在では1キログラムという質量なのです。

これではまずいと誰もが思うわけです。ここまで明らかに変動しているものを基準にしておくわけにはいきません。しかも、物理的なものの場合、災害などにあって破損したりすれば、基準がなくなってしまうことになります。同じ方法でつくり直すこともできますが、新たにつくればそれはもう別の基準です。ものを基準にするのは非常にわかりやすい一方、さまざまなリスクがあることがわかります。そのため、ゆらぎのない安定した新しい基準をつくろうと計量学者たちは考えるわけです。

長さの定義は、1983年、光の速度という不変の数値を基準としたものに変更されました。光速という基礎物理定数を基準にしたことで、定められたルールに則って計算しさえすれば、誰でもいつでもどこでも同じ基準が得られるようになりました。長さ以外の基準についても物理定数をもとにした定義に変更されており、基準が世界に一つしかなかった時代とは異なる世界に突入した感があります。

そしてキログラムも、いよいよ２０１８年の国際度量衡総会で、時代に見合った定義に改定される予定です。国際度量衡総会が人工物に依存しない定義をつくるように要請したのは１９９９年。約20年間の国際的な研究開発と活発な議論の末、質量の定義はようやく不安定な人工物から離れ、プランク定数という基礎物理定数を用いた、実体のない定義として生まれ変わるのです。

SI単位の再定義

ところで、単位の世界に新たに登場した後輩たちが、長さと質量という先輩たちのルールに合わせていたことを覚えていますか？　先に説明した電気に限らず、あとからきた単位の後輩たちは、先輩たちのルールを踏まえた定義になっていました。ということは、長さや質量という先輩たちの定義が変われば、後輩たちにも影響が出るのではないでしょうか。

そう、２０１８年に定義が改定されるのはキログラムだけではありません。計量学の分野では、ＳＩ基本単位の再定義について長年にわたって議論されてきました。キログラムが最大のターゲットになっていたことはいうまでもありませんが、温度の単位ケルビンや電気の単位アンペア、物質量のモルについても、改定が検討されてきました。それらの改定は2018年秋にフランスで開催される国際度量衡総会で決議される見込みになっており、そこで承認されれば翌2019年5月20日の世界計量記念日に新しい定義が施行されるのではないかといわれています。改定は時期尚早だと反対している国々もあるため、2018年に大々的に単位の定義が改定されるというのは、この本が出版される時点ではあくまで〝見込み〟ということになっています。

2018年には定義の改定と同時に、現行のすべての基本単位の定義の書き直しが行われる可能性もあるとされています。定義の文面が変わり、文章の枠組みとしても統一のとれた定義になるということです。表2－1に示したように、これまでの単位の定義は「国際キログラム原器の質量」というシンプルなものもあれば、「真空中に1メートルの間隔で平行に配置された無限に小さい円形断面積を有する無限に長い2本の直線状導体のそれぞれを流れ、これらの導体の長さ1メートルにつき2×10^{-7}ニュートンの力を及ぼし合う一定の電流」という、やたらと長いものまでさまざまなものがありました。これらについて、すべての定義の文章構造が統一される予定です。

たとえば質量であれば「キログラムの大きさは、プランク定数の値を正確に6.62607015×10^{-34} Js と定めることによって設定される」と定義される方針であり、ほかの単位についても「○○の大きさは、△△定数の値を□□と定めることによって設定される」という枠組みで統一的に表記されるようになる予定です。

このように記述が変わることで、〃基準〃と〃測られるもの〃の関係が逆転します。それまではSI単位に基づいて、ある基礎物理定数Xについて測定していました。基準はSI単位で、それを使って測定すると基礎物理定数Xという値が出てくるという流れです。しかしこれからは、基礎物理定数X_0に基づいてSI単位が定義されるようになるので、測定の構造自体は変わらないのですが、「ある測定をした結果、X_0となるようなものを標準とする」と主従が逆転したかたちになるわけです。基準を主としていた時代から、基礎物理定数を主として考える時代へと変化するのです。

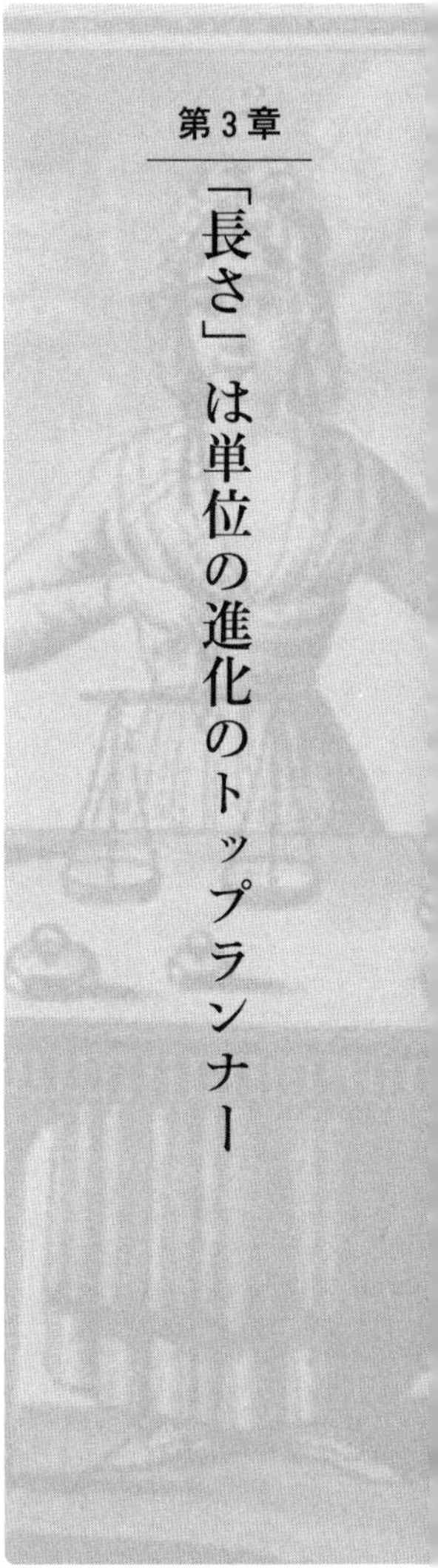

第3章

「長さ」は単位の進化のトップランナー

一　メートルはどのように決められたのか

進化のゴールにいちはやく到達

前章で見たように、現在のＳＩ単位の定義は、すべてが同じレベルで揃っているわけではありません。人工物という具象そのものの基準もあれば、基礎物理定数に則った、高度に洗練された抽象的な基準もあります。そのバラバラ具合はそれぞれの単位の進化の段階に応じており、抽象度が高いほど、単位として進化が進んでいるということになります。

いちはやく具体的な人工物から離れ、高度に抽象的な基準に進化したのは、長さの単位です。

メートル法が制定されて以来、科学技術の進化に伴うさまざまな定義の変化を経て、現在は光速という基礎物理定数に依存し、これ以上ないところまで抽象化された長さの単位の定義。これは単位の進化の雛型ということができます。1メートルが「1秒の2億9979万2458分の1の時間に光が真空中を伝わる行程の長さ」であると定義された長さの単位は、単位の進化として考えれば、もう〝上がり〟です。これ以上の進化は、たとえば光のスピードが変わりでもしない限りはありません。

そもそも「メートル」という単位系の名称である「メートル」自体が長さの単位そのものの名称であり(「メートル法」「メートル(mètre)」はもともとフランスにあった言葉ではなく、新しい単位の名前として、古代ギリシャ語の「ものさし」「測量」を意味する「メトロン(μέτρον)」から造語されたもの)、長さこそ単位を考えるときの基本といえます。長さがそのように単位の基本となり、進化するのも速かったのは、長さは「ここからここまで」ということが目に見えてわかりやすく、他の単位から独立していて概念としても取り出しやすかったからだろうと思います。

そのため長いあいだ単独で定義が進化してきたわけですが、最終的には長さの定義は光のスピードと時間に依存するようになり、それ自体で成り立つ独立した単位ではなくなりました。一度〝上がり〟に達したとはいっても、現在は時間との相互依存関係ができているので、もしも将来的に時間の単位の定義が変わるようなことがあれば、それに伴って長さの単位がゆらぐ可能性も、まったくないとはいえません。

長さの単位の起源

長さは身近でわかりやすい量であり、長さを測る技術やルールも、人の着る服をつくる、家を建てる、土地を測量する……といった生活上の需要から出発したと考えてよいでしょう。

測量の起源は紀元前の古代エジプトだといわれています。かつてナイル河は定期的に氾濫していました。増水の時期は決まっており、氾濫が河川域の土地を肥沃にし、豊かな実りをもたらしていたわけですが、とはいえ水が引いたあとは周辺の土地はぐちゃぐちゃになっています。それまで人々に分配されていた土地も、どこからどこまでがその人のものだったかわからなくなってしまっています。それを再度それぞれに配分していくときに、測量をきちんとしなければ人々の争いの種になるでしょう。そのような必要性から、長さをきっちり測り、正確な数値を出すことの重要性が認識されていたと考えられます。

長さの計測は、どんな国にとっても基本中の基本です。どんな国や社会でも、長さという量に関して共通の認識を持ち、身のまわりの人々と意思の疎通を図っていく必要があります。そのため、それぞれの国というよりも、むしろそれぞれの町、地域単位で（西洋であれば、たとえば教会の教区などの単位ごとに）、共通した単位がつくられていきました。

そのときにしばしばものさし代わりに用いられたのは、人間の身体です。第1章ではその一例として、人間の肘から中指の先までのあいだの長さに由来する、古代ギリシャの「キュービット」という単位を紹介しましたが、腕以上によく使われていたのが足でした。足や足指はものの長さを測る基準として非常によく使われ、ヨーロッパではほぼすべての文明で、足を基準にした単位があったといわれています。

たとえば、ヤード・ポンド法の長さの単位に「フィート（feet）」がありますが、この言葉が「足（foot）」という英単語そのものであることからもわかるように、もともと足の長さに基づいた身体尺でした。現在の1フィート（英語では単数なので1フットとなりますが、日本語では慣習上、単数でもフィートと表現します）は0・3048メートル、すなわち約30センチメートルです。フィートを使っていたのが大きな足の人々であることが想像できますね。同じくヤード・ポンド法の長さの単位である「インチ」は、今ではフィートの12分の1と決められていますが、もとはやはり身体尺で、男性の親指の爪の付け根の幅の長さに由来した単位でした。現在、1インチは2・54センチメートルと定められています。

とはいえ、身体の大きさは人それぞれ違います。足の大きさにしても、肘から中指の先までのあいだの長さにしても、大柄な人と小柄な人とではだいぶ違うはずです。一つのコミュニティの中で共通のものさしをつくるとき、誰か一人の身体のサイズを長さの基準としようとなれば、だいたい王や領主、町の有力者などが選ばれるわけですね。当然、各国の王や領主の身体のサイズはそれぞれ違うので、町ごと、地域ごとにバラバラなものさしができました。

そのようにしてつくられた地域の基準については、メートル原器のような人工的な標準器が用意され、町のわかりやすい場所（城壁など）に設置されました（図3-1）。

図 3-1　フランスに設置されたメートル原器　メートル制定前にも各地域にはこのような原器が設置されていた。Wikipedia より。

そんなふうに個別に基準が決められていったために、世界には無数の単位が存在することになりました。第1章でも述べましたが、一つの地域の中で生きている限りは、とくにそれで困ることはありません。だからフランス革命以前のフランスには――たとえ古代ギリシャや古代エジプト時代から何千年も過ぎていても――数百もの長さと質量の単位が存在したわけです。単位の名前は同じでも表す量は異なるものもあり、それらを区別すると25万種にも上ったといいます。これは日本の畳1畳のサイズが、今でも京間、中京間、江戸間など何種類も混在しているのと同じような話です。

しかし、大航海時代を経た世界はどんどんグローバルになり、人やものの行き来がそれまで以上に盛んになって、学問にしても商売にしても一つの地域内で完結してはいられなくなってきます。25万もの単位が並存する世界は、科学的なコミュニケーションを取るにしても通商を行うにしても不便きわまりなく、また、不誠実な取引などが横行して争いの種となることもありました。そこで、世界の共通言語としての共通の基準が求められるようになってきたわけです。

メートル法を定める国家プロジェクト

共通の基準をつくろうと最初に立ち上がったのは、フランス革命後のフランスでした。人間の平等を宣言し、新しい時代の理想に燃えていたフランスは、計測標準においても世界の万人が共有できる普遍的で合理的な基準をつくり、世界の人々がスムーズに、そして公正かつ平和にコミュニケーションできるようにしたいと考えました。そこで発足したのが1メートルという長さの単位を定める国家プロジェクトです。このプロジェクトについては、『万物の尺度を求めて』（早川書房）に詳細に描かれています。

新しい基準の理想とされた「万人が共有できる普遍的な基準」という言葉には、フランスがつくったからこうなったというものではない、世界の誰にとっても、どの国にとっても納得できる基準、という意味合いも含まれています。そのため、誰かの身体やフランス独自の何かに基づくのではない、普遍的で永遠に変わることのないものを基準にすることになりました。そこで基準として選ばれたのは、この先もまず変わることがないと思われた「地球の大きさ」でした。

地球の大きさに基づいて長さの単位「1メートル」を決める。その理想を実現するにあたっては、大きく三つの方法が提案されました。

まず、北緯45度の地点において、半周期が1秒になるような振子の長さを1メートルとする、というもの。この場合は長さの定義にいきなり時間が絡むことになります。

二つめが、赤道を1周した長さを4万キロメートルとする定義。

そして三つめが、北極から赤道までの子午線の長さを1万キロメートルとするという定義です。

これらの三つともおおよそ似たような長さになるわけですが、さてどうするか。フランスの科学アカデミーが最適な方法を求めて検討に入ります。

メートル法の制定を提唱したフランスの政治家タレーランは、地球を測地するような大掛かりな（かつ、膨大なコストのかかる）ことをする必要がないこともあって、振子を用いる方法を推したようですが、何しろこれには1秒の精度もかかわってきます。当時はそれほど高精度の時計ができていなかったため、この案は採用されませんでした。

二つめの赤道の長さを計測する方法は、赤道線の多くが海上や熱帯地方を通っていて正確な測地が困難であるために却下。最終的に地球を縦に測る方法が採用されました。

子午線は赤道と直交して北極・南極を結ぶ線なので、地球上に無数にあります。となると、「万人が共有できる普遍的な基準」というとき、フランスのパリ天文台を通る子午線だけを計測して全地球を代表させてよいのか、という議論も出てきます。地球がつるんとした完全な球体であれば子午線を1本だけ測ればすみますが、地球は真円ではありません。そこでフランスはイギリスとアメリカにもそれぞれの国を通る子午線の長さを計測してもらえないかと要請しますが、両国からは協力が得られず、フランスは単独で子午線計測という大事業に挑むことになりました。

実はフランスは、このプロジェクトの数十年前までに、すでに何度か子午線の長さを計測した経験がありました。今回は当時より格段に進んだ最先端の科学技術を用いて、より精度の高い計測を行い、より正確な長さを算出しようというわけです。

プロジェクトを率いたのは、ドゥランブルとメシェンという当時40歳代の二人の天文学者でした。子午線の正確な長さを出すのであれば、本来は北極から赤道までを計測するべきなのですが、ずっと陸地が続いているわけではないのでそれは不可能です。そこで北端をフランス北部のダンケルク、南端をスペインのバルセロナと定め、2点間の距離から計算して子午線の長さを求めることになりました。ドゥランブルはダンケルクから出発して三角測量をしながら南下し、メシェンはバルセロナから出発して北上する。二人が合流したところで、それまで二人が算出してきた数字を合算するというわけです。

【コラム②】

誤差を恐れた科学者

『万物の尺度を求めて』は、科学者が人間であることがよくわかるという点でも興味深い本です。

ドゥランブルとメシェンは性格が正反対で、北半分を担当したドゥランブルは割り切って仕事を進める現実的なタイプ、南半分担当のメシェンは完璧主義者で悲観的な性格。完璧さを求めるメシェンは厳密な観測により高精度の数字を出していきますが、気候の影響を受けたのか、測量の途中で誤差を生じさせてしまいます。パリに結果報告として数字を送ってしまったあとで、間違いだったかもしれないと気づくのですが、同僚にも懸念をはっきりと伝えることができません。メシェンは生真面目な性格もあって、悩み、自分を追い込み、鬱病のようになってしまいます。

当時は革命直後でフランス自体の体制が揺れ動いていたことに加え、フランスとスペインは戦争中とあって、ドゥランブルもメシェンもしばしば足止めを食らい、なかなか測量に集中できない状況が続きます。1年ほどで終わると思われたプロジェクトは数年がかりのものとなり、その間に国の体制も変わって資金的にも困難な状況に陥ります。

そのような中でメシェンは、国に再測量させてほしいと申し出ます。再度、測量の旅に出たメシェンは、スペイン側からの妨害にあいながらも科学者としての使命をまっとうしようとするのですが、結局山地で事故にあい、再測量を終えることなく亡くなってしまいます。

メシェンの測量した数値に誤りがあることが明らかになるのは、ドゥランブルもメシェンも亡くなってからのことでした（ドゥランブルはメシェンの過誤を知っていたようですが、墓まで持って行きました）。新しい時代を象徴する新しい長さの単位「1メートル」は、この誤った数値をもとに定義され、現在もその数値をベースに計算した定義が引き継がれています。

この当時の計測というものは、計測装置の扱いの巧みさや慎重さ、何度も繰り返し計測する忍耐力など、計測する人間の能力と大きくかかわっていました。大げさにいえば、実験や計測の数値がずれていたとしたら、測った人の問題だととらえられかねない面もあったのです。しかし人間が行うことに完全ということはなく、すべて自分の責任だと思い詰めすぎるととても苦しいことになってしまいます。そして、もし人間に神様なみの正確さを求めるとしたら、そこには嘘《うそ》や捏造《ねつぞう》が入りうるということです。メシェンは誤りを恐れるあまり、この陥穽に陥ってしまいました。

現在の科学の世界では実験や計測において誤差はありうると認識され（コラム③参照）、科学者はその点において追い込まれることはなくなりました。この子午線計測プロジェクトはメートル法制定の基盤となっただけではなく、科学の世界で誤差についての認識を改めるきっかけともなり、その面からも科学を少し進歩させる役割を果たしたということができるのです。

主役となったメートル原器

ドゥランブルとメシェンの測量の結果、パリを通る北極から赤道までの子午線の長さがわかり、その1000万分の1の長さが1メートルと決められました。そして、その長さを示す白金の棒がつくられ、これが「メートル原器」となりました。

つまり、1メートルという長さはもともと、不変質で普遍的な基準をつくるという理念に従って、地球を測ることによって決められました。メートル原器は、あくまでその結果を受けてつくられたものなのです。

メートル原器の素材は、化学的に安定していて熱膨張係数が小さい白金90%と、硬くて変形しにくいイリジウム10%の合金です。金属は温度の変化に応じて長さが変わることがありますが、とにかく、当時としてもっとも環境変化の影響を受けにくい金属を選んだわけです。

より正確性を期するため、メートル原器は温度計とセットになっていました。長さの基準は、0度(氷点)におけるメートル原器の長さ。まだ室温を正確に設定・維持できるエアコンなどなかったので、ある決まった温度をつくるときには氷点を基準とするほうが正確でした。ここからわかることは、この時点ですでに、長さの定義に関連して温度が登場していたということです。単独の量で成立する定義をつくるのは、なかなか難しいのです。

さて、大国家プロジェクトの成果として定義されたメートルですが、科学技術は刻々と進歩していきます。計測技術の精度が上がると、それに伴い、地球の子午線の測量値も変わっていきます。つまり、地球の大きさを長さの基準にして1メートルを割り出していると、計測技術が進歩するたびに1メートルの長さが変わり、その都度メートル原器も新しいサイズにつくり直さなくてはいけなくなります。これではさすがに大変ですね。そのため1889年には、メートル原器の長さ自体を長さの単位の定義とすることになりました。地球とメートル原器の関係性は逆転し、それ以降は地球の大きさもメートル原器を基準に計測されるようになりました。地球は長さの基準から、一つの現象という地位に転落したのです。

新たに定義とされたメートル原器は、金属でできた人工物です。壊れたり紛失したりする危険はつねにあります。かつてイギリスのヤード原器か何かが火事で焼け、溶けた原器の修復に苦労したという話を聞いたことがあります。世界に一つしかない人工物が定義となっている場合、もし災害にあったり盗難にあったりしたらどうしたらよいのでしょうか。同じ製法でつくり直せば、原理的には同じ物体ができるでしょう。しかし、そうだとしても、先にも述べたように、それは定義としての原器とは別の物体です。人工物を定義とするのは、かなり危うさを含むシステムなのです。

しかも、ものというのは温度が変わると伸び縮みしますし、重力を受けて変形もします。メートル原器は金属製の硬い棒で、一般的な感覚では曲がることのないものでしょうが、実は精密計測の観点から見れば、硬いどころか、こんにゃくでできていると考えてよいぐらいのとても軟らかい物質です。こんにゃくなので、地球の重力でたわみます。そんなふうに変形するのであれば、正確な1メートルというのはメートル原器がどういう状態のときの1メートルだと

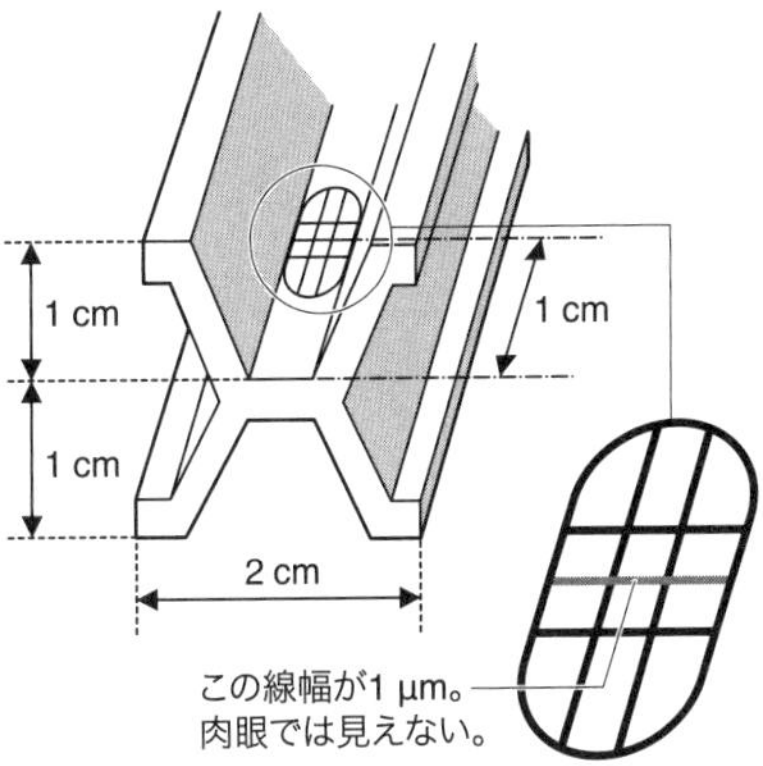

図 3-2　メートル原器

考えればよいのでしょうか。人工物を扱うときには、そのように自重による誤差も考慮に入れておかなくてはいけません（測定対象や測定器がその自重や荷重による弾性変形を起こすことを前提に、物理の世界では、長い測定対象などのたわみ・変形を最小限にするための適切な支持方法が選択されます。ただし、完全な平面を持つ定盤を用意するのが難しいことは事実です）。

それからもう一つ。メートル原器の長さはどれくらいだと思いますか？　メートル原器だから1メートルだと思われるでしょうか。実はメートル原器は1・02メートルあります。原器の両端からそれぞれ1センチメートルのところに線が入っており、その線と線の間が1メートルになっているのです（図3－2）。

その線も概念的なものではなく、実際に室温0度の環境下で原器に刻まれた物理的な線です。

となると、線の幅が気になってきませんか？　精度を上げるには線が細ければ細いほどよいわけですが、その幅は1ミクロンです（現在の単位系ではマイクロメートルと呼びます）。1マイクロメートルは1ミリメートルの1000分の1なので、さすがに肉眼では見えません。したがってメートル原器に刻まれた線は光学顕微鏡で見ることになりますが、光の波長が1マイクロメートル程度なので、実はそれ以下の細い刻みをつくったところで見ることができないのです。つまり、精度は光学的に規定されてしまっていたわけです。1マイクロメートルと1メートルの違いは6桁。つまり、6桁の精度がこの時代の限界でした。

なお、メートル原器は30本製作され、1889年に開催された第1回国際度量衡総会において、もっとも正確だと計測された1本が「国際メートル原器」と定められました。これは当時パリにあった国際度量衡局に保管され、残りはメートル条約加盟国それぞれの国家標準として配布されました。日本も1885年に条約に加盟し、1890年にメートル原器を受け取っています。これが日本の国家標準となり、役目を終えた今も産総研に保管されています。

二　ものに依存しない基準への進化

原子標準の時代の始まり――クリプトンランプ

19世紀の技術の粋を集めて製作したメートル原器ですが、何しろ金属製の人工物なので温度などの環境変化でクネクネ変形するし、1メートルを示す線は1ミクロンもあるとあって、科学技術が向上するにつれて不都合が生じるようになりました。そこで20世紀半ば、メートル原器に代わる長さの定義をつくることになりました。それが1960年に決められた「クリプトン86の波長」（日本では「クリプトンランプの波長」）です。クリプトンというのは原子番号36の元素で、それを封入した放電ランプの中でクリプトン原子が出すスペクトル線の波長を基準にします。

原子というのはミクロな物体であり、それぞれが固有の周波数で振動しています。そして、肉眼ではとうてい見ることはかないませんが、その周波数に応じた色の光を発しています。原子が発する光の周波数は原子ごとに決まっていて、原子が核分裂でもしない限りは同一性が保たれ、同じ数値、同じ色彩が得られるメリットがあります。その同一性はアメリカだろうと日本だろうと、北極だろうと熱帯だろうと保たれますし、昨日も今日も100年後も同じです。人工物はさまざまなものが複雑に組み合わさってできているので、何かあれば壊れたり曲がったりしますが、原子は不変で、10億年経とうが壊れることも曲がることもありません。これこそがより高精度な標準にふさわしいものだと考えられました。

人工物ではなく原子に依存したほうがよいというこのような考え方を、「原子標準」や「量子標準」といいます。ジェームズ・クラーク・マクスウェルやケルビン卿（ウィリアム・トムソン）らは、この方法の優位性を19世紀後半から主張していました。長さ標準においては、ほかの標準に先駆けてこの考え方が導入されたわけです。

これにより1メートルは「クリプトンランプの出す波長165万763・73個分の長さ」であると定義されました（第11回国際度量衡総会）。地球の大きさを基準にしたときは地球の子午線の長さを分割して1メートルとしましたが、ここではミクロな要素を足し合わせ、積み上げて1メートルをつくるという方向に、考え方が反転しています。

なお、クリプトンランプの精度は8～9桁で、メートル原器に比べて2～3桁向上しました。

基礎物理定数が定義に初登場——ヘリウムネオンレーザー

このようにいちはやく原子標準への進化を遂げた長さですが、クリプトン原子の時代はあまり長くは続きませんでした。レーザー装置が発明されたからです。

クリプトンランプの発する光の周波数は必ずしもきれいなサイン波というわけではなく、波長はボケたりブレたりしています。そのため計測の精度を向上させるにも限界がありました。しかし、レーザー装置から出る光の波長は一定に保たれ、ボケの少ないきれいで安定した波長が得られます（図3-3）。そのためクリプトンランプのぼやけた周波数に比べ、精度を非常に上げることができるのです。

しかも、クリプトンランプによって一定以上の精度を出すのは簡単ではありませんでした。ランプのガラスのホヤの細工、ランプの温度制御などの作業を厳密な条件下で行わなければならず、それらを適切に行い正確に計測するには職人技が求められたのです（高精度の計測を行うときには、現在でもそのような部分があります）。産総研には当時のクリプトンランプが残っていますが、それを扱える技術者は所内にはもう誰も残っていません。クリプトンランプの波長を計測する技術はロストテクノロジーとなってしまいました。

さて、長さの定義がクリプトンランプに切り替わった１９６０年に発明されたのがレーザー装置です。これはある特定の波長の光を増幅し、収束させて放射することができる装置で、放射する波長を一定に保てる点が最大の特徴です。発明から約20年かけて安定性の高い信頼できるツールとなり、１９８３年には長さの定義は「長さ用６３３ナノメートルよう素分子吸収線波長安定化ヘリウムネオンレーザー装置」（ヨウ素分子の特性を利用して正確な波長のレーザー光を発生する装置）によっておもに実現される、真空中の光の速さをもとに改定されることになりました（第17回度量衡総会）。新しい１メートルの定義は「２億９９７９万２４５８分の１秒間に光が真空中を伝わる距離」。ここで初めて光の速度という基礎物理定数を用いた定義が誕生しました。

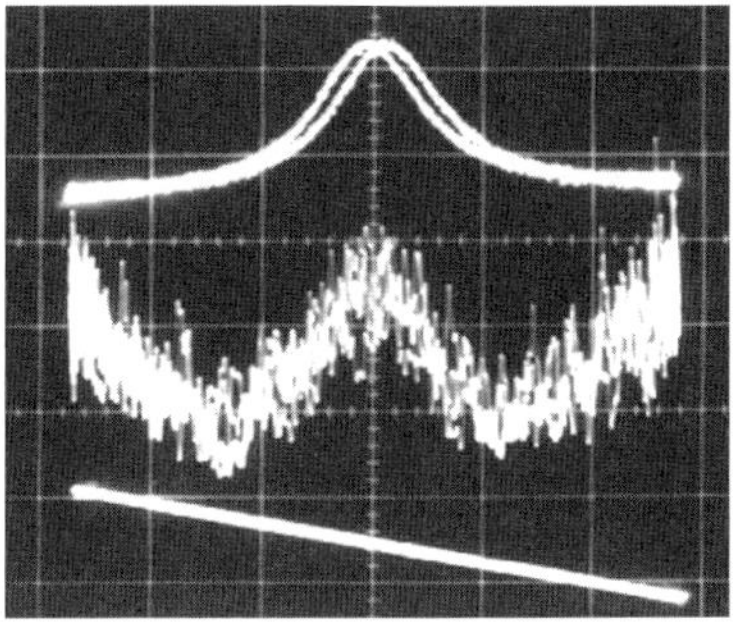

図 3-3　レーザーとクリプトンランプの波長の違い　中段の波長がクリプトンランプによるもの。Hall, J. L. (2011). “Learning from the time and length redefinitions, and the metre demotion,” *Phil. Trans. R. Soc. A*, 369 より。

なお、この装置が真空中に放射する波長の値は632・99121258ナノメートル、その相対不確かさは2・1×10^{-11}で、11桁の精度を実現しています。レーザー装置はクリプトンランプより2〜3桁精度が高いだけではなく、扱いもはるかに簡単で、高い再現性を実現できるものでした。

現在の私たちの研究は、困難の中でそのような装置をつくりあげてきた偉大な先人たちの発明の恩恵を大いに受けて成り立っているのです。

日本のレーザー装置開発秘話

ところで、メートル原器が基準となっていた時代は、国際度量衡局が数十のメートル原器を一括して製造し、唯一の原器（国際メートル原器）以外の複製をメートル条約の加盟国に配布していましたが、クリプトンランプやレーザーの時代になると、定義はものではなくなっています。標準をつくるランプやレーザー装置は各国に配布されることはなく、つくれる技術力のある国は自分たちで装置をつくっています。それぞれの国でつくったレーザー装置などが、いわばこの時代の〝原器〟ということになります。

それぞれの国で独自に原器を製造するとなると、それが正確であるかどうかをどのように知ればよいのでしょうか。各国の装置自体が各国の波長の基準であるため、その装置が出す波長が定義に忠実かどうかを個々に測定するのは困難です。そのためそれぞれの装置の正確さは国際比較によって担保することになります。高精度の装置をつくる技術力のない国は他国から装置やキットを購入し、キットであればそれを自国で組み立てるなどして、その国の国家標準器としています。

当時、日本も自前で国家標準器をつくろうとレーザー装置の開発に取り組みましたが、レーザー装置は扱いの簡単さに対して、つくることは容易ではなく、完成までの道のりは決して平坦ではありませんでした。

日本で初めてガスレーザーを発振することに成功したのは、産総研の計量標準総合センターの前身である計量研究所です。ガスレーザーで長さを計測するためには、まずこのレーザーが放射する光の波長や周波数を測っておく必要があり、周波数を測るためには光周波数チェインというテクニックを用います。しかし、周波数チェインを用いた実験は、多数のレーザー光源と多数のマイクロ波源、逓倍混合ミキサーに多数の制御系、周波数測定系などを用いる、とても大規模で大変なものでした。実験室いっぱいにそれらの装置を配置し、数人の研究者が「せーの！」でそれぞれの操作をします。タイミングが合わなければ当然うまく計測できませんし、ちょっとした環境の変化によってもよい結果を出せません。前世紀のうちに実験を成功させることができたのは、たしか日本、ドイツ、アメリカの3国だけだったように思います。日本で成功したときも、測れたのはたった1台のレーザーの周波数のみだったそうです。

ちなみに、長さの定義にレーザーが用いられるようになった1983年というのは、次のようなことが起こった年でした。40歳代以上の方なら時代の空気をなんとなく思い出せるのではないでしょうか。

・ARPANET（世界初のパケット通信ネットワーク）→インターネットへ。
・ローマ教皇ヨハネ・パウロ2世が、地動説を支持したガリレオ・ガリレイに対する宗教裁判の誤りを認める。
・任天堂が「ファミリーコンピュータ」（ファミコン）を日本で発売。
・フィリピンのベニグノ・アキノ元上院議員暗殺。
・大韓航空機撃墜事件。

どんな周波数でも測れる奇跡の装置——光周波数コム

前世紀の終わりごろ、長さの定義がさらに進化し、新しい時代を迎えることになります。その背景にあるのは、光周波数計測をいつでも変わらず行える新しい装置「光周波数コム」が発明されたこと。それまでのヘリウムネオンレーザーは連続的に光を発する装置で、その光の周波数を測るときにも、やはり連続的に光る装置を使うのが当時の常識でした。それに対して光周波数コムはパルスレーザーで、光は一定の間隔ごとにストロボのように瞬間的に光を発します。パルスの幅が均等に並ぶ形状が櫛《くし》の歯のように見えることから、光周波数コム（comb＝櫛）と名づけられました。

光周波数コムはそのモードごとに異なる周波数標準とみなせるので、あらゆる周波数を測る

〝光周波数のものさし〟として用いることができます。ヘリウムネオンレーザーの周波数（色）しか測れないヘリウムネオンレーザー標準器が特定の音だけ測れる音叉だとすれば、光周波数コムはたくさんの鍵盤を備えているピアノのようなものです。この装置1台でさまざまな光の周波数の計測が可能となり、周波数計測の精度を大幅に向上させることができると予想されました。

技術と単位は連動しながら、入れ子構造で進化してきたということは、みなさんもおわかりだと思います。より安定した、より優れた装置ができたとなれば、単位の定義を変えようという声が出てきます。1999年から2000年にかけて、アメリカ、ドイツを中心に光周波数コムを用いた光周波数の計測方法が提案されました（日本でもほぼ同時期に高性能な光周波数コムが開発されていたことを書き加えておきたいと思います）。

なお、光周波数コムを発明したアメリカのジョン・ホール博士とドイツのテオドール・ヘンシュ博士は、2005年にノーベル物理学賞を受賞しています。

理論と現実世界をつなぐ努力

これまで語ってきた単位の定義の話は、いってみれば理想の世界の話です。理論ではそうなるとしても、実際は実験や計測時の環境もいろいろです。必死でつくりあげた装置を使ったとしても、現実には理論と同等の数値が出せるわけではありません。

たとえば、太陽光発電の技術開発において、よい数値が出せる部品ができたとしましょう。太陽光はいつでも降り注いでいますが、しかし、地上にいる私たちにとっては、いつも太陽光発電に理想的な天候ばかりではありません。雲も出ますし、雨も降ります。それが現実です。

しかし研究者たちは、その現実世界の状況を受け止めながらも、理想世界に近づくための努力を惜しみません。単位の世界でも、あるいは他のどの分野でも、理想世界を実現するための研究はこれまでずっと積み重ねられてきており、それがうまく結晶化されると、理論値に近いよい数値が出てきます。

もう一つ例を挙げると、たとえば日本の鉄道システムは、あれほど大規模なものでも非常に高精度に運営されています。それができているのは、日々の積み重ねと、それを実際にきちんと遂行している人がいるからです。

どんなシステムでも、それは同じです。いくら技術的に高度化されても、それがきちんと成り立つように行動するのは人間であり、それ自体は昔から少しも変わってはいないのです。私たち研究者は、できるだけ現実の問題を解消し、できるだけ理想世界に近づけるように、日々研究を積み重ねています。

溶け合う「長さ」と「時間」

昔は標準の世界でも長さと時間は別個に存在していましたが、今はもう両者が溶け合い、一体になりつつあります。

クリプトンランプの登場以来、「長さ標準」はずっと光をものさしとしてきました。長さを測ることと周波数を測ること、時間を測ることの混在は、そのころから始まっていたのです。フランスで行われる国際度量衡委員会の諮問委員会にConsultative Committee for Time and Frequency（CCTF：時間周波数の諮問委員会）というものがあります。ここでも長らく時間周波数と長さの諮問委員会は別々に置かれていましたが、光周波数コムやレーザーで両者がつながってきているため、最近になってジョイントワーキンググループが発足しています。

このように歴史的には、技術革新によってまず時間と長さの一体化が始まりました。それはこの章で見てきたとおりです。そして将来的には温度やエネルギーなどの他の単位についても溶け合っていくかもしれません。あるいは今後、たとえばレーザーを使って温度を測る方法などが発明されるようなことがあれば、今までは別だと思っていた温度も、時間や長さと一緒になるかもしれません。

単位はこのように進化し、結晶化し、他の単位とつながっていきます。そのような意味でも、長さは単位の進化の先駆者といえるのです。

【コラム③】

「真の値」と「誤差」「不確かさ」

本書の中ではしばしば「誤差」「不確かさ」という言葉が出てきます。「誤差」や「不確かさ」は常に標準や計測について回り、それらなしには真の情報はないといっても過言ではないほどのものです。ここでは、標準や計測の世界でこれらがどのような意味を持っているのかを紹介しましょう。

「ここに書かれた線は1メートルです」というとき、それが示している内容は大きく2種類が考えられます。

1. 本当に1・000000000……と、無限にゼロが続く、ジャスト1メートルの長さである。
2. 本当は1・01だったが、0・01は無視して大雑把に1メートルといった。

この二つは、実はまったく違うことであり、計量標準の極限まで突き詰めたところでは、そういった情報も含めて示さないと情報が欠けていることになり、信頼するに値する数値だと見てもらえません。

とはいえ、誤差、精度、不確かさという言葉は、それほど厳密には使い分けられていないのが現実です。

統計的なバラつき

歴史的に先行して出てきた言葉は「誤差」です。誤差論という学問領域もありますが、これは天文学や測地学で生じる測定結果の不一致を処理するためにドイツの数学者ガウスが１８００年ごろに完成させた、歴史のある学問です。

では、誤差とは何でしょうか。誤差論では「測定値マイナス真の値」のことだというのです。なんだか違和感がありますね。測定値というのは、文字どおり測定して得られた数値のことですが、「真の値」とはいったい何でしょうか。科学者は真の値を知りたいがゆえに測定しているのに、誤差を出すときに真の値が必要だと最初からいわれても困ってしまいます。

しかし、ここでは初めから真の値なるものを仮定することが求められるのです。真の値を出すプロセスを見ていきましょう。

科学者たちは、測定値がほしくて測定するのではなく、真の値が知りたくて測定をします。しかし、1回だけ測定して測定値を出しても、それはただそれだけの数値にすぎません。その数値を誰かが聞いたとしても、「真の値はその測定値に近いところにあるのでしょうね」と考えるぐらいでしょう。まさかそれが真の値そのものであるなどと、普通の人は信じたりしません。

測定者は、自分の出した値をもっと人に信じてほしい。そこで何をするかというと、何度も何度も測定します。1回だけの測定では何らかの事情があって正確でなかった可能性もありますが、何度も何度も測り、その平均値をとることで、そういったゆらぎがゼロになると考えられるからです。おそらくズレやゆらぎは、「真の値」を中心にそれなりに均等にバラけているのでしょう。それであれば、何度も計測することでズレは打ち消し合い、どんどん真の値に近づいていくはずです。

——というのが、一つめの考え方です。

このようにバラつくことを「統計的にバラつく」といい、何度も測定することで「統計的な不確かさを減らす」します。要するにこれは、母集団の数を増やして平均をとることである種の真実に近づくだろうとする統計学的な考え方です。このとき、中央値（ここで「真の値」とするもの）に対する個々のデータのバラつきの幅が「誤差」ということになります。全体としてのバラつきの幅は「精密さ」といいます。

系統的な不確かさ

二つめの重要な考え方は、「系統的な不確かさ」です。これは「系統誤差」ともいいます。「誤差」と「不確かさ」は異なる言葉ですが、ここでは似たような使われ方をしています。

たとえば、何度も計測して統計的に不確かさをどんなに減らしたとしても、測定に使っているものさしが初めから少しズレていたらどうでしょうか。それではいくら測っても、ズレの近くでのゆらぎは消えるかもしれませんが、ズレ自体がなくなるわけではありません。ということは、何らかのズレがある限り真の値を得られることはないということです。それが「系統的な不確かさ」です。

私たちは何度も測ることによって統計的な不確かさを小さくしたのちに、果たして測定に使っていたこのものさしがきちんとしたものであるのか、ということをチェックしなくてはいけません。そういうときに「校正」という作業でものさしのズレをチェックし、ズレがあればそのぶん、測定した数値を補正します。

「系統的な不確かさ」の考え方というのは、一部の集団の中である数値が出たとしても、それは偏っているだろうと考え、もっと大きな集団で見ていくことで、より確かでより安定な数値となるだろうと信じる、というものです。

なお、校正という作業は、より正しい(より標準に近い)ものさしを基準に行います。日本の各種の計量標準は産総研にあり、国内のあらゆるものさしは産総研につながっています。

不確かさの考え方

系統的な不確かさについては、先人の経験などから「こういう計測をするときにはこういうズレがありうる」ということがかなりわかっており、どんな点を確認するべきかというリストも細かくできています。私たちはそれをシラミ潰しにチェックしていきます。

そして私たちが測定情報を公表するときには、その不確かさに関する一覧表(エラーバジェット表)をつくります。測定したのはどんなもので、統計的なバラつきはどの程度で、系統的な不確かさを生む要因としては要因1、要因2、要因3……があり、それぞれについてどの程度の誤差があると考えられる、というような誤差のメニュー表をつくるのです。そこで考えられた誤差についても、どの程度の不確かさがあると考えられるかを明らかにし、最終的には、それらをすべて差し引いて、正しいと思われる値を提示します。

こうすることで、人々に納得してもらえる報告となります。さらに、その数値を他の機関などの出している数値と付け合わせ、近い数値が出ていれば、これは信頼できる値だと見てもらえることになります。

このようにまずは実験自体の精度を上げ、実験を繰り返して統計的な誤差を減らし、そのうえでなお考えうる物理的な要因を徹底的に調べ、その結果として不確かさが小さい測定値が出てきます。研究者たちがベストを尽くした結果なのであれば、それは真の値に近いと信じられる値、信じる価値のある数値、ということになります。

誤差の考え方では最初に「真の値」を問題にしましたが、こちらの考え方では不確かさのバジェット表を作成し、どういう要因でズレるのかを考えに入れ、最終結果として真の値らしきものが求まることになるので、最初に真の値がわかっている必要がありません。これは新しい考え方で、「不確かさの考え方」といいます。

ところが、これには一つ厄介なことがあります。当然のことながら、人類がまだ知らない現象が存在していたとしたら、それはリストに載っていないのでチェックすることもできないということです。私たちはもしかしたら、何らかの未知の現象のために真の値とは遠いところで議論しているかもしれないのですが、そうだとしても、それを知ることはできません。

時間標準の歴史でも、あとからズレの原因が見つかったこともありました。1980年代のことです。当時からセシウム原子時計の精度はとても高かったのですが、あるとき理論家が、この室温の空気の中にも黒体輻射《ふくしゃ》という赤外線が満ちており、それがズレを起こさせるのではないかと指摘したのです。そこから検証が始まり、セシウム原子時計ほどの高精度になると、実際に赤外線の影響をかなり大きく受けることが明らかになりました。そして、その検証結果に従って真の値は修正されました。

これは、理論的な検証の結果、実験装置の大幅な改良などすることなく自動的に精度が上がった事例です。この先も科学的な新発見があったり、新しい理論が登場したりすれば、現在の〝真の値らしき値〟が修正される可能性は十分にあるということです。

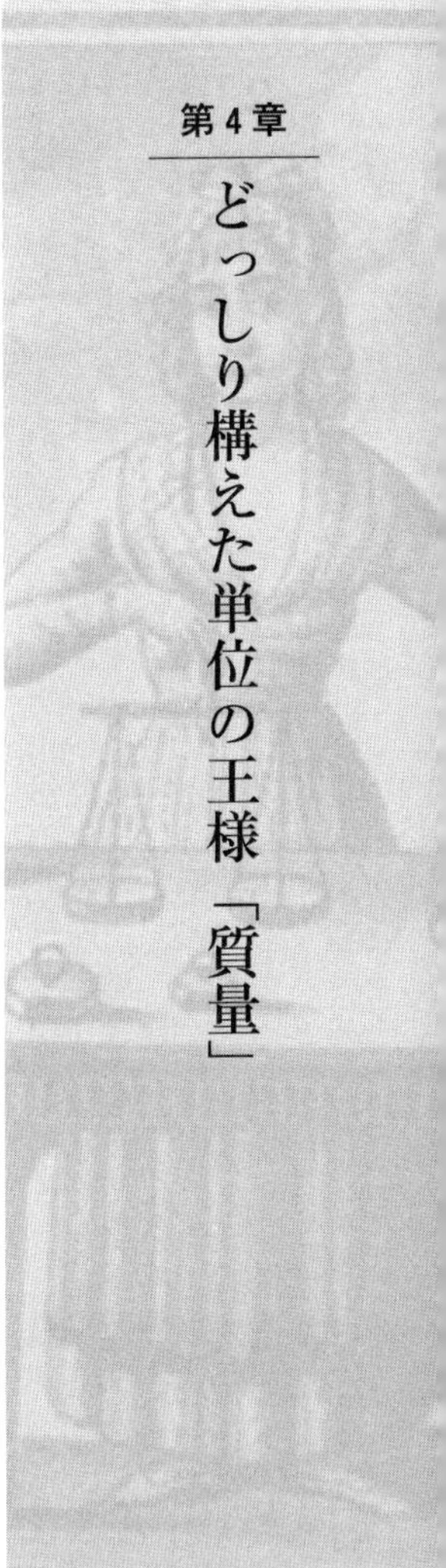

第4章

どっしり構えた単位の王様「質量」

一　キログラムの定義が１３０年ぶりに変わる

キログラム原器ができるまで

２０１８～２０１９年にかけて、単位の世界に大きな変化が起こります。質量の定義が改定されるのです。メートル法が成立した19世紀につくられ、以後、およそ１３０年にわたって使われ続けてきた唯一の定義である1キログラムの定義が、とうとう国際キログラム原器という物理的なものを離れ、プランク定数という基礎物理定数に基づいたものに変わる予定になっています。

さまざまな量の中で、長さと質量はもっとも身近でわかりやすい、もっとも基本的な量だといってよいでしょう。

「度量衡」という言葉があります。「度」は長さのことで、「量」は体積、「衡」は質量のこと。この一言で3種類の量が示されています。しかし、これらの3種類がすべて同じレベルにあるかというと、必ずしもそうではありません。なぜなら「量（体積）」は長さが決まれば求められるからです。立方体であれば一辺の長さを三乗すれば体積が求められ、各辺が10センチメートルの立方体なら体積は1リットルだとわかります。このように長さと体積は直結しています。それに対して質量は、長さとは別の次元にある独立した量だということができます。

しかし、「独立した量だ」と書いたばかりでそれを覆すことになりますが、1795年にフランスでメートル法が制定された時点で、実はすでに質量と長さは結び付けられていました。当時、1キログラムという質量は「水1リットルの質量」だと定義されたのです。そのときに基準となる温度は「大気圧下で氷の溶けつつある温度」、すなわち0度でした。長さの単位においては地球の長さをもとに「1メートル」を決めたように、質量については、水という自然にある物質を基準に「1キログラム」を決めたというわけです。

水の体積は温度によって変化することから、その後、基準の温度は「水が最大密度となる温度」に変更され、液温が4度のときの純水1リットルの質量を1キログラムと定義することになりました。

しかし、水は液体であり、いちいちその体積の質量を測って基準とするのは何かと不便です。

しかも、水の密度は気圧と温度に影響されるわけですが、気圧には質量の要素が含まれているため、水を基準としていると、そこで定義するべき質量という要素を含んだ定義という、なんだか堂々めぐりのようなことになってしまいます。そのため質量についても、メートル原器同様、変わることのない（と思われた）硬い金属を用いて原器を作成するのがよい、ということになりました。

そこで1799年、液温4度における純水の1リットルと同じ質量のキログラム原器がつくられ、1キログラムはこの原器の質量であると改めて定義されました。このときつくられた原器は「アルシーヴ原器」と呼ばれています（図4-1）。

図 4-1　アルシーヴ原器　Wikipedia より。

その後19世紀後半にアルシーヴ原器と質量差のない新しいキログラム原器がつくられ、1889年に開催された第1回国際度量衡委員会で、この新しいキログラム原器を1キログラムの定義とすることが決定されました。国際社会ではおよそ130年、これが質量の定義として君臨し続けてきましたが、フランス国内での話も含めれば、実に今日まで220年以上、水1リットルの質量を1キログラムとするという考え方が使われてきたわけです。

ここまで長期間、変わらず維持されてきた単位の定義はほかにありません。何度もいいますが、キログラム原器はまさに単位の世界の王のようなものだったのです。

時代遅れとなったキログラム原器

しかし、長年、単位の世界に君臨してきたこの王様も時代の流れには勝てず、いよいよ引導を渡される予定です。国際キログラム原器は金属の塊なので経年変化を起こし、定義自体がゆらいでしまう問題があることがもっとも大きな理由ですが、加えて、ニューカマーである電気の追い上げがすさまじかったのも大きな要因です。

電流の量を示す単位アンペアがSI単位系に入ったのは1948年です。そのときに定められた定義は「真空中に1メートルの間隔で平行に置かれた無限に小さい円形の断面を有する無限に長い2本の直線状導体のそれぞれを流れ、これらの導体の1メートルにつき1000万分の2ニュートンの力を及ぼし合う直流の電流」というもので、メートルやニュートンという単位を用いた表現がなされています。ニュートンは力の量を表す単位で、定義は「1キログラムの質量を持つ物体に1m/s^2の加速度を生じさせる力」というもの。新人らしく、先輩の決めたルールに従った、キログラムを前提としたかたちの定義です。

しかし電気の分野の進歩の速さは著しく、放送や通信など、さまざまな産業で不可欠なものとなっていき、それに伴って必要とされる精度も急速に向上していきました（第6章参照）。

もう白金の塊をベースにした定義では間に合いません。国際キログラム原器の精度は現在でも8桁です。メートルが11桁、次の章で説明する時間の秒の精度は全SI単位中で最高の18桁、そして電気も、SI単位の定義によらず電気の世界で完結するかたちであれば、抵抗値は9桁程度、電圧は11桁程度の高精度を出すことができています。

もはやキログラム原器は、他の単位の精度と足並みを揃えることができなくなっています。むしろ、電気の単位が質量や力と紐づけられていたため、電気がさらに進化していこうとするときに足を引っ張っていたといえるかもしれません。すでに単独で精度を上げていく実力を備えているにもかかわらず、質量が頭を押さえているために、電気がのびのびと成長していけない状態が続いていたというわけです。質量の定義の改定の背景には、質量に関する技術が向上したということ以上に、他の単位からの改定への要望が大きかったからということがあるでしょう。

質量の定義は、なぜ変わらなかった？

それにしても、これだけ科学技術の進歩が著しい時代を経ていながら、これまで質量の定義が変わらずにきたのはどうしてなのでしょうか。

図4－2のグラフを見ると、質量標準の進化は時間のそれ（図5－4参照）と比べてゆっくりとしていることがわかります。20世紀に入ってからも一気に大きくジャンプしたようなとこ

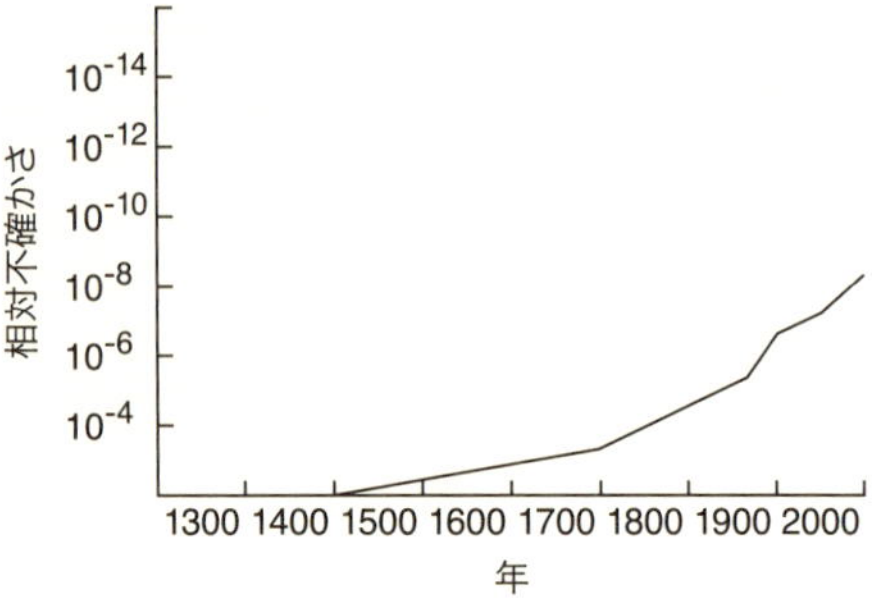

図 4-2　質量標準の歴史的な進化　International Vocabulary of Basic and General Terms in Metrology を参考に作成。

ろは目につきません。この理由にはまず、国際キログラム原器を超えるような、みなが納得でき、かつ扱うことのできる新しい高精度の基準が出てこなかったということがあります。

それから、単純な話なのですが、質量の分野ではそれほどの高精度を必要とする場が少なく、大きいニーズがなかったから、ということもできるでしょう。

たとえば、私たちが体重を測るときには60・5キログラムなど、小数点以下1桁程度がわかれば十分ですね。体重は日々変動しており、水を飲むだけでも変わってしまいます。測られる対象がそんなふうに揺れ動いているのであれば、ある時点の質量にすぎないものについて5桁、6桁の精度で測る意味はありません。

計測の大きなニーズの一つである商取引についても、やはりそこまで高い精度が求められることが少なかったのではないかと考えられます。たとえば粉や豆などの質量を測る場合、湿気を含んでいるときと乾燥しているときでは微妙に違うでしょう。環境や空気の浮力などで質量は簡単に変動するので、ある時点の質量を精密に突き詰めて測っても仕方なかったのだと思います。

鉱物資源もそうです。大量に掘り出されてくるものに対して桁数多く測るためには、時間もコストもかかります。現場からザクッと出てくるものは、時間をかけて高精度に測るよりも、サッととりあえず正しい量が測れるほうがよかったのではないでしょうか。

現代でもトラックメーターというものがあります。高速道路などの重量規制があるところで、トラックの積載量が過重でないかどうかを調べる巨大な秤のことで、上をトラックが通過することで重量が測れるようになっています。これも荷物の輸送中に用いられるものなので、何桁もの計測精度を出すために時間をかけるよりは、その場でざっくりとした質量がわかるほうがよほど重要です。そのように実社会で重さを測るときには、精度よりもスピードが重視されるほうが多かったと考えられます。

科学技術はニーズがあると大きく進化します。大きく進化しなかったものがあるとしたら、それにはそこまでのニーズがなかったということは十分に考えられるのです。その観点からいえば、これまでの社会では国際キログラム原器に8桁の精度があればなんとかなっていたということです。

定義の改定を求める外圧と内圧

そんな質量の定義が、とうとう変わろうとしています。しかも、これまでとはまったく異なる原理に変わります。長さの定義の変化の場合、地球の大きさ→メートル原器→クリプトンランプと、前の定義のイメージを保存する中で変化しており、少しずつ進化していったことが感じられたと思います。しかし質量の場合は突然ガラッと質的変化を果たすのですから、単位の世界に与えるインパクトはとても大きいといえます。

改定に向かう原動力は、おそらく電気など、他の標準からのプレッシャーが大きかったと思われます。いわば〝外圧〟です。先にも説明しましたが、電流はもともと単位の世界のニューカマーであり、当初はメートルやキログラムというもとからある基準に合わせなくてはなりませんでした。だからわざわざ電流をニュートン（力）に変えて質量を結びつけるような、まわりくどいことをしなくてはいけなかった。それをすることで単位系に組み入れてもらえたわけです。

しかしそうこうするうちに、電気のほうでは量子ホール効果やジョセフソン効果などの普遍的な物理現象を利用した量子電気標準ができて、精度が急速に上がってきました。それなのに電気の定義がキログラムに紐づけられているため、それに縛られて精度が上げられないという不満が電気側には溜まっていたわけです。だから、もうキログラム原器などやめて基礎物理定数に基づいた新しい標準にしようではないか、という動きが出てくるわけです。そうすれば電気のほうでは電荷量eという基礎物理定数を用いた定義に改定でき、長さ標準に続いて、単位として「上がり」に到達することができる。電気の側のシナリオはそのようなものです。

とはいえもちろん、それだけの理由で質量の定義が改定されるわけではないことは、質量の名誉のためにいっておかなければなりません。質量の世界の中にも高精度に対するニーズはあり、精度向上のための技術開発には常に取り組まれていました。

キログラムというのは人間が日常的に感じられる質量で、体重や身の回りのものを測るのにはちょうどよいのですが、ミリグラム（1/1,000g）、マイクログラム（1/1,000,000g）というような小さな質量を測るときには大きすぎるといえます。そのため、これを小さい世界とうまくつないでいくことが必要になってきます。

近年はナノテクノロジーというごく微小な物質を扱う分野が盛んになっています。ナノグラムは1/1,000,000,000g＝10億分の1グラムという質量で、キログラムと12桁異なります。ということは、国際キログラム原器の精度（8桁）ではナノテクノロジーはカバーできません。しかし、創薬や新しい工業材料を開発するような分野では、より精度よく計測したいというニーズは当然あり、このような産業的なニーズからも質量の精度向上を求める声は高まっていました。

二　質量を測ることの歴史

質量計測の最初のニーズ

話が前後しますが、ここで一度、質量計測の歴史をたどっておきます。質量は長さと並ぶ基本的な量といえます。質量が大切なのは、おそらく長さと同じ理由です。すなわち、ものをつくるときにも必要ですし、測量とともに土地の価値とも直結してくるということです。

農業を行う際には土地が広いほうが作物がたくさん収穫できるので、土地の広さが経済的な価値と直接的に関係があるということになります。だから土地を厳密に測ることが必要です。長さ計測へのニーズはそこにあったと考えてよいでしょう。

そして質量は、収穫物の量を測るのに必要でした。原始的にはおそらく、豆や米などの量を測りたいというニーズが大きかったでしょう。もう少し時代が進んでくると、金をはじめとする価値の高い金属が質量で取引されるようになってきます。貨幣ができる前は金属は粉末状や顆粒《かりゅう》状で流通しており、その金属の質量を天秤で測ることで通商取引が行われていました。広さ・長さと同様、質量には価値があるということです。

古い時代の質量に関する逸話といえば、アルキメデスの話が有名ですね。古代ギリシャ時代、アルキメデスはシラクサの王から難題を解くように言いつかりました。というのは、シラクサの王は金塊を職人に渡して金の王冠をつくらせましたが、王は、その職人が渡した金を全部使わず、混ぜ物をしたのではないかと疑ったのです。これが純金なのか、混ぜ物入りなのか、アルキメデスはそれを確かめるように命じられました。

質量は天秤で測れますが、密度は測れません。王冠の質量は渡した金塊と同じでしたが、王冠のような複雑な形のものの体積を正確に測るのは簡単ではないので、果たして体積が同じなのかどうかがわからないわけです。どうすれば密度を算出できるのか、アルキメデスは考えに考えました。そして、入浴中に浴槽から溢《あふ》れ出るお湯を見て、密度を測るヒントを思いついたというわけです。

溢れたお湯の量から体積を導き出し、そこから密度が計算できます。だから、同じ質量の純金の体積と職人のつくった王冠の体積を比べることで、王冠に別の金属を混ぜたかどうかがわかるとアルキメデスは考えました。結局、王の疑いのとおり、職人は金の量をごまかしていたことが明らかになりました。このように、質量だけではなく、密度という考え方も昔からあったことがわかります。

その後、科学はヨーロッパでは一時沈滞しますが、中世には錬金術というかたちで再び発展します。卑金属、すなわち金や銀ではない廉価な金属をどのように調合して精錬すれば、高価な貴金属に変えることができるのか。錬金術師たちは日々の試行錯誤の中で、おそらく金属類の質量を天秤で正確に測っていたと推測できます。何しろここで大切なのは金になったかどうか＝密度が変わったかどうかだったので、金ができたことを証明しようと、できた金属の質量と体積を測って密度を算出していたことでしょう。

錬金術自体は科学というより科学と魔術の中間のようなもので、実際のところ錬金術が成功することはありませんでした。しかし、このときに培われたであろう液体を蒸留する技術や、質量を正確に計測する技術は、その後、化学に受け継がれていきました。

水を基準にする考え方

そして18世紀後半、メートル法の時代がやってきます。すでに述べたように、キログラムという単位を水を基準にして定義しようとしたわけですが、このとき当時の科学者たちのあいだでは、標準物質としての水に何の水を採用すべきかという議論が行われたようです。そこらにある泉の水にするのか、あるいは、おそらくドイツの人の意見でしょうが、ドナウ川の水にするのか、など。

しかし、近代化学の父といわれたアントワーヌ・ラボアジエが登場したころには、標準とするものには、そこらにある適当な水よりも、蒸留した純粋な水がふさわしいことがすでにわかっていました。混じり気のない純粋なものこそ標準にふさわしいという考え方は納得しやすいですね。何かが混ざっていたら、何がどのぐらい混ざっているのかを評価しなくてはいけないわけですから。そのような議論を経て、純水を基準物質とし、その水が溶けるときの温度、すなわち0度のときの純水1リットルの質量が1キログラムと定められました。

質量の再定義に向けて

「0度のときの純水1リットルの質量」という定義は、その後、水の体積が最大になる水温が4度のときの質量を基準とすることになりました。そして、アルシーヴ原器がつくられ、これが水に代わって質量の定義となり、さらにそれと同じ質量の国際キログラム原器がつくられ、1889年の第1回国際度量衡総会において、アルシーヴ原器に代えてこちらが質量の定義となりました。

そしてキログラム原器のコピーがいくつもつくられ、各国に配られました。質量の測定器としては天秤が非常に精密だったので、天秤でキログラム原器の質量を測ることについては何の問題もなかっただろうと思います。

余談になりますが、天秤（英語では「バランス」）は大昔につくられた道具ですが、質量を測るうえで非常に精度の高い道具です。天秤は嘘をつかない、いつも正しいというところから、古代ローマ時代から正義や公平性の象徴ともなっています。裁判所や司法関係各所に、天秤を持つ正義の女神の像が飾られていることが多いのはそのためです。

測定技術の進歩に伴い、質量標準の桁数はこれまで徐々に向上してきたとはいえ、質量標準はこのときから今日まで変わっていません。しかし、そろそろ限界です。キログラム原器を定義から外し、基礎物理定数に基づいたものに改定して精度を上げたい。社会のニーズは高まっています。問題は、質量標準を定義するための技術的な決定打はなかなか出てこなかったということです。

これに対して科学者たちは、次のような解決方法を考えました。まずは一度、定義を基礎物理定数というものに依存しない抽象的な定義に書き換えてしまうというものです。どのような方法でそれが測定可能なのかまだ明確でなくても、まずは書き換えてしまう。この点は重要です。そして次の段階として、そこにリンクする測定方法を考えよう、ということです。

新たな定義の方向性は「キログラムの大きさは、プランク定数の値を正確に6・62607015と定めることによって設定される」というもの。プランク定数を正確に求め、決めることができれば再定義ができることになります。

さきほど、ニーズがあれば科学技術は進歩する、ニーズがなかったから質量標準はあまり進歩しなかったと述べました。今ここに「質量標準の改定のためにプランク定数を正確に求める」という大きなニーズが生まれました。科学者たちが新たな質量標準にふさわしい測定方法の開発に向かう、このうえなく大きな動機ができたわけです。

一見、順序が逆のように思われる方法が採られたのは、定義も存在しないうちからそこに向かおうといっても説得力がないからです。まずはルールを整備して、向かうべき方向を明確にする。ニーズがあれば研究者はその実現に向かって努力しますし、そうやってできた測量方法が世界標準になり、世界に広まれば、精度よく測りたかった人々はみな喜び、研究者もとても嬉しい。そのような循環が生まれてみながハッピーになるわけですね。

三　プランク定数の発見

プランク定数につながる分光学の登場

質量の再定義に採用されることになったプランク定数というのは、光子の持つエネルギーと振動数の比例関係を表す基礎物理定数の一つで、1900年ごろにドイツの物理学者マックス・プランクによって発見されました。質量の再定義の話からは少し離れますが、プランク定数が見いだされたときの状況を少し紹介しておきたいと思います。

プランクの大発見がなされた当時、世界の最先進国といえばイギリス、フランスでした。ドイツは国内の統一が遅れたこともあって、イタリアともどもそれらの国々の後追いをしていた時代です。そんなドイツにオットー・フォン・ビスマルクが登場します。のちに「鉄血宰相」と称されるビスマルクは「現在の問題は鉄と血によって解決される」という方針のもと、製鉄に重点をおいた政策を進めました（明治期に日本が「鉄は国家なり」としたのも、このビスマルクの政策に倣《なら》っていたわけです）。ドイツは国を挙げて製鉄業を推進し、その結果、製鉄に関する先進的な新しい技術を多数生み出しました。なかでも高品質の鉄の生産のために重要だったのが、溶鉱炉の温度管理技術です。

溶鉱炉では何をもって温度を測っていたのでしょうか。溶鉱炉内は数千度もの高温に達するので、温度計などは溶けてしまって使えません。そこで考案されたのが、色で温度を測る方法でした。

色で温度を推測すること自体は目新しい考え方ではありません。熱いものが色を出して光るという現象はすでに知られており、陶磁器や刀剣づくりにおいても役立てられていました。たとえば、イギリスの陶磁器メーカーであるウェッジウッドは1759年に設立されましたが、そこで窯焼きを担当する職人たちは、炎の色を見ることでおおよその温度を把握していたそうです。比較的低温（500～600度）のときはほんのり赤い色で、高温になるにつれてだんだん黄色くなり、さらに温度が上がると白っぽくなるということは経験的に知られていることでした。

ビスマルク時代のドイツでは、それを感覚的・経験的にではなく科学的に明らかにしようということで、分光の手法を用いて研究が進められました。ドイツの計量標準総合センターのあるドイツ物理工学研究所（Physikalisch-Technische Bundesanstalt：PTB）の前身、ドイツ帝国物理学研究所（PTR）が、発せられる光の波長を分光器で正確に計測することに成功。そのときウィルヘルム・ウィーンという理論研究者が発見したのが、温度が上がるとそれに反比例して光の波長が短くなるという「ウィーンの変位則」でした（図4－3）。温度が低い場合は

70 柔らかヒューマノイド　細田　耕 著
—ロボットが知能の謎を解き明かす　本体 1600 円

69 気候を人工的に操作する　水谷　広 著
—地球温暖化に挑むジオエンジニアリング　本体 2000 円

68 サイバーリスクの脅威に備える　松浦幹太 著
—私たちに求められるセキュリティ三原則　本体 1700 円

67 消えゆく熱帯雨林の野生動物　松林尚志 著
—絶滅危惧動物の知られざる生態と保全への道　本体 1700 円

66 消えるオス　陰山大輔 著
—昆虫の性をあやつる微生物の戦略　本体 1600 円

65 スポーツを10倍楽しむ統計学　鳥越規央著
—データで一変するスポーツ観戦　本体 1600 円

64 脳がつくる3D世界　藤田一郎 著
—立体視のなぞとしくみ　本体 1600 円

【第 69 回毎日出版文化賞〈自然科学部門〉受賞】

63 情報を生み出す触覚の知性　渡邊淳司 著
—情報社会をいきるための感覚のリテラシー　本体 1500 円

62 つくられる偽りの記憶　越智啓太 著
—あなたの思い出は本物か？　本体 1600 円

【第 31 回講談社科学出版賞受賞】

61 地球の変動はどこまで宇宙で解明できるか
—太陽活動から読み解く地球の過去・現在・未来
宮原ひろ子 著・本体 1600 円

60 絶対音感神話　宮崎謙一 著
—科学で解き明かすほんとうの姿　本体 1900 円

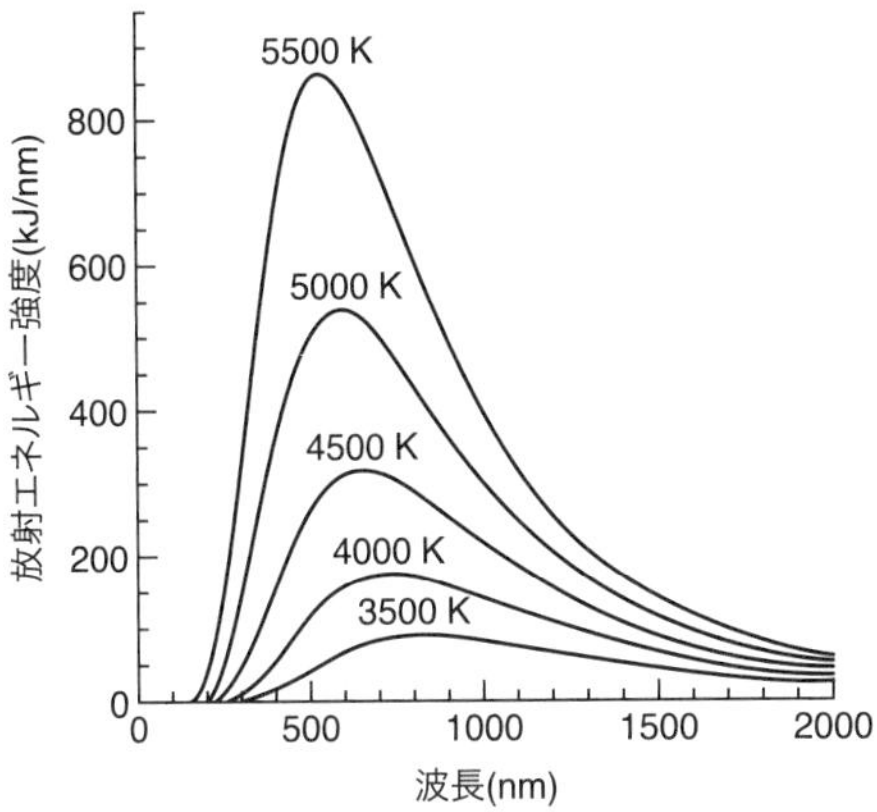

図 4-3　ウィーンの変位則

波長が長いので、光は赤っぽく見えるわけですね。そして、温度が上がるにつれて黄→緑→青と変化していくということです。

今「光の波長」と書きましたが、正確には温度に反比例するのは「黒体の輻射のピークの波長」です。それぞれの温度の波長の分布を見ると、高温の光のほうが分布の範囲が広くなることがわかります。分布範囲が広ければそこには光の三原色（赤、緑、青）すべてが含まれるので、光が加法混色されて、人間の目には高温の発する光は白く見えるということになります。

ここで温度計測のために分光学が用いられたことが、物理学を大きく発展させる一つのきっかけをつくった、といっても過言ではないかもしれません。

分光学の創始は1664年、イギリスのアイザック・ニュートンに遡ります。ニュートンは白色光が

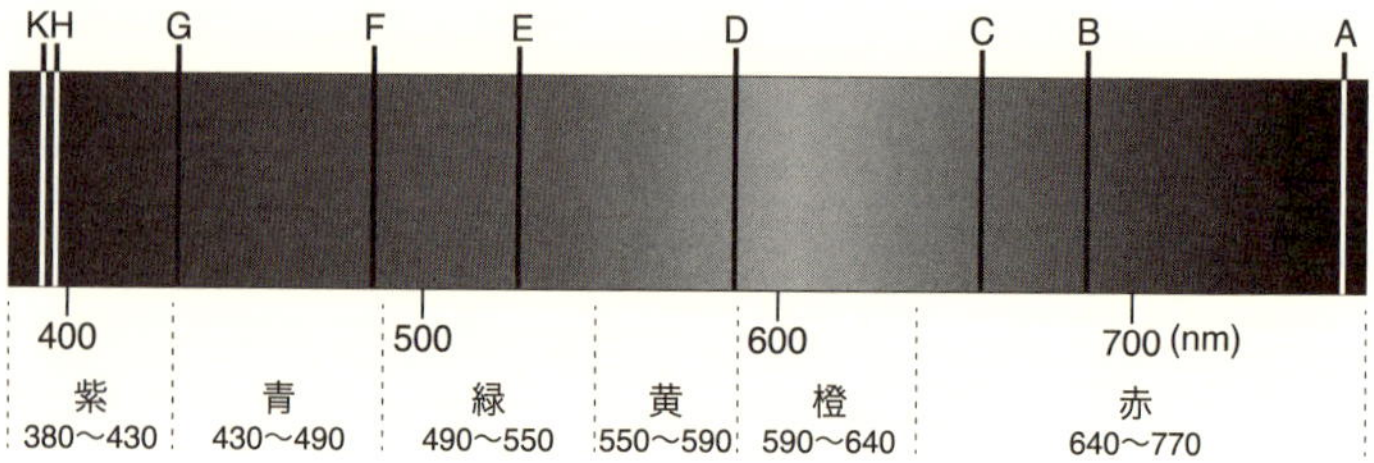

図 4-4　フラウンホーファーの暗線

7色の光が混ざっているスペクトルであることを発見しました。19世紀初頭にはドイツのヨゼフ・フォン・フラウンホーファーが、光を通す部分をごく細いスリット状にした、より高精度の分光器を発明します。そこに太陽の光を通すと光が分かれて虹色が見えてくるのですが、そのスペクトルにはどういうわけか、ところどころ黒い線が入っていました（図4-4）。これを「フラウンホーファーの暗線」といいますが、当時は黒い線がなぜ出てくるのかはわかっていませんでした。

19世紀半ば、やはりドイツの科学者であるロベルト・ブンゼンとグスタフ・キルヒホッフがナトリウムランプの光を分光する実験を行いました。するとフラウンホーファーの暗線とは逆に、一定のパターンで明るい線が見えてきたのです。しかもそれは、フラウンホーファーの暗線の位置と一致していました。そこから明らかになったのが、ナトリウムランプが発するナトリウム元素はある決まった波長の光を吸収したり放出したりしている、ということでした。そしてまた、ナトリウムに限らず、どの元素もそのような固有の周波数を持つこともわかりました（これは第5章の時間計測でもかかわってくるので、ぜひ頭の片隅に置いておいてください)。

つまり、「フラウンホーファーの暗線」は太陽大気に含まれる元素を示していたわけです。言い換えれば、暗線を分析することにより、太陽大気を構成する元素を知ることができたということです。

この暗線の話が、デンマークの理論物理学者ニールス・ボーアの唱えた量子仮説につながっていきます。

先のナトリウムは元素なので線スペクトルとして出てきますが、熱放射のスペクトルのほうは、線ではなく広帯域に分布したものになります。広帯域スペクトルの場合も線スペクトルと同じく、測定・分析することで何らかの科学的な事象を見いだすことができます。しかし、ここに大きな問題が立ちはだかりました。熱放射のスペクトルの場合、実験結果と、それまでに完成されていた物理学の理論が、どういうわけかまったく合致しなかったのです。

新しい物理学の誕生

19世紀当時、統計力学や電磁気学などの物理学の理論はすでに完成されていて、もはや新しい理論の入る余地がないと考えられていました。プランクが博士課程に進学するとき、指導教官から「物理学はもうやることがないから、行かないほうがいい」と忠告されたくらいです。

ところが、そんな完成されたはずの物理学の理論をもってしても、熱放射の色変化(スペクト

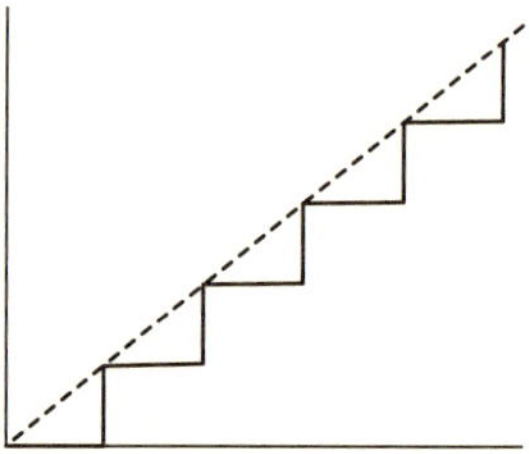

図 4-5　黒体放射光子のエネルギー変化

ル）については理論化できなかった。それまでの物理学、すなわち古典物理学の限界がそこにあったのです。

その大問題を解決したのがプランクでした。

プランクは光のエネルギーと波長が対応しているという法則を利用し、炉のような閉じた空間の中をある一定の温度にして黒い物体を熱し、その中にどのような電磁波が分布しているかを計測・分析しました。黒いものを熱したのは、色のついたものを熱すると、放たれる波長がその色の影響を受けて変化してしまうからです。黒いものを熱するときだけは物体の色の影響を受けず、温度に応じた電磁波が発せられるとわかっていました。これを「黒体放射」といいます。

古典物理学の理論ではエネルギーは連続性を持っています。そのため、この黒体放射の実験ではどのようなエネルギーの波が出てきてもおかしくないと予想されました。ところが実際に出てきたのは、連続性をもたない飛び飛びのエネルギーでした（図4-5）。

次のようないい方をすると多少はイメージしやすいでしょうか。ある量があり、それは連続的な量なので、いくらでも無限に分割できる——というのが古典的な物理学の考え方です。それに対して量子論は、原子のようにこれ以上分割できない限界、最小の単位があるという考え方がベースになります。何かをどんどん細分化していっても、本当のゼロ、無限小にはならず、ここまでしか小さくできないという限界がある。そして世の中はその最小のものの組み合わせでできている、という考え方です。

もちろんその最小の単位（＝量子）は小さすぎて私たちには見ることができません。しかし、プランクはこの量子という存在に気づいたことで、炉の中の温度分布に関する観測結果の理論化に成功したのです。プランク自身も根拠はよくわかっていなかったようですが、ともかく数式の上ではうまく説明をつけることができました。これが量子論の始まりであり、古典物理学では説明できないミクロの世界を扱う新しい物理学の始まりでした。

後年、その現象についてきちんと解釈したのがアルベルト・アインシュタインです。アインシュタインはそれぞれの光には光子や量子といった単位があり、そのためそこから発するエネルギーの大きさは飛び飛びになるということを明示的に説明しました。それを説明する際に出てきたのが「プランク定数」という基礎物理定数でした。

プランク定数とは何か

ようやくプランク定数にたどり着きました。プランク定数は「$6.62607004 \times 10^{-34}$ m^2 kg/s」という非常に小さい値で、ＳＩ単位系ではジュール秒（Js）という単位で表されます。このごく小さい謎の定数を用いると、熱放射を分光器で観察した結果と理論が一致するのです。量子論の誕生とともに登場したこのプランク定数は、その後に見つかったほとんどすべての量子的現象を説明する際に出てくることになります。
ちなみに、量子力学にはこの分野の発展に貢献した重要な式があります。

$$E = h\nu$$

「E」はエネルギー、「h」はプランク定数、そして「ν（ニュー）」は光の振動数（周波数）を表し、エネルギーは光の振動数に比例していることを示したものです。周波数は「f」と書くことが多いのですが、光の場合は「ν」を使います。

20世紀の新しい物理学としてはもう一つ、アインシュタインの「相対論」がありますが、こちらでは光のスピードを表す「c」という定数が非常によく使われます。ミクロの世界を扱う量子論に対し、相対論は光のスピードのようにマクロな世界をとらえる理論です。そのミクロな世界やマクロな世界と、私たちが理解しやすい世界をつなぐための数値が、プランク定数や光のスピードだということです。

四　プランク定数を求める二つの国際プロジェクト

プランク定数が求められれば質量は再定義できます。しかし、プランク定数を正確に求めるのは至難の技であり、各国がそれぞれ自国内で頑張ってなんとかなるようなものではありませんでした。そこで20世紀後半、質量の再定義に向けてプランク定数を求めるための国際プロジェクトが立ち上げられました（97ページに記したのは、科学者たちの苦闘の結果導き出された数値です）。

プランク定数を求める方法はいくつか考えられましたが、国際プロジェクトで取り組まれることになったのは「X線密度結晶法」と「キッブルバランス法（旧ワットバランス法）」の二つです。X線密度結晶法はアボガドロ定数を正確に求めることから間接的にプランク定数を導き出そうという方法、キッブルバランス法はすでに非常に高精度な計測技術が確立されている電気と結びつけることでプランク定数を求める方法です。前者は日独伊を中心としたチーム、後者は英米仏を中心としたチームが研究を進めることになりました。

こう書くと2チームの対抗戦のように思えるかもしれませんが、この場合、どちらかの原理のみが質量の再定義に採用され、どちらかは敗退するということではありません。これらはいずれも新しい定義の〝空欄〟を埋めるための研究、まだ確定していない非常に微細な数値を確定するための研究です。求めるのが非常に難しいプランク定数を、ある一つの方法によって導き出したところで、本当にその数字が正しいのかわかりません。しかし、二つの異なる原理でアプローチして出てきた数字が一致すれば、「やはりその数値なのだ！」と信じることができるでしょう。このプロジェクトが二つの原理からのアプローチで取り組んだのはそのためです。これは勝ち負けではなく、両方の方法が異なるルートで同じゴールに到着すること自体を目的としていた、等価なものなのです。

それぞれの方法についてくわしく説明していきましょう。

シリコンを使うX線結晶密度法

まず、アボガドロ定数によって定義するX線結晶密度法です。アボガドロ定数というのは基礎物理定数の一つで、物質量1モルの中に含まれる分子やイオン、原子の粒子の数のこと。さっそくここにモルという単位が出てきますが、モルはSI単位系の基本単位の一つで、物質量を示します。定義は、「質量0・012キログラム（12グラム）の炭素12（^{12}C）の中に含まれている原子の総数」というものです。

アボガドロ定数を求めるとどうしてプランク定数が求まるのかというと、この二つの定数のあいだには厳密な関係式が成り立つので、アボガドロ定数がわかれば、ほぼ同じ精度でプランク定数を算出することができるためです。

とはいえこの方法はプランク定数と結びつける以前に、ある原子の質量を積み上げることで1キログラムを定義するという、直接的なアプローチも含んでいる方法です。簡単にいうと、原子1個の質量は原子の種類ごとに決まっているので、1キログラムという量を「何らかの原子××個分の重さ」と考えようということです。原子の質量は不変ですから、個数さえ決めればよいというのは直感的にもわかりやすい方法だと思います。

では、どんな原子を基準にすればよいでしょうか。原子番号が小さい原子でしょうか、軽くて1キログラムに入る原子数がより多くなる原子でしょうか。

実際は、軽さなどより人間の扱いやすさを優先します。水素は軽いですが、ガスだと体積が変わってしまって計測しにくいですね。計測しやすいのはやはり固体です。ですから、化学的に安定で純粋なものをつくりやすい固体ということで、かつてはモルの定義にも出てきた炭素12（12は炭素同位体の一つ）を、現在はシリコンを使っています。

シリコンを使うメリットはいくつもあります。まず、シリコンの材料はケイ素、すなわち砂なのでどこにでも存在していること。それに半導体産業でICチップの素材などとしてよく用いられ、半導体の歩留まりをよくするために精錬技術も非常に進歩しており、きれいで純粋な固体をつくる技術がすでに産業界に存在していること。このように、既存の技術によって標準になるような純粋な試料をつくれることが、シリコンが標準物質として選ばれた大きな理由でした。

混じり気がない純粋なものがよい、それが扱いやすいものであればなおよいというのは、かつてドナウ川の水ではなく純粋な蒸留水を使おうとした考え方と同じです。しかも工業製品は大量生産するので、安く精錬する技術が発達しているのもポイントです。科学者たちには純粋なもの、より精度の高いものをつくりたいという思いがありますが、そこには常にコストの壁が立ちはだかるので、もし既存の優れた技術があれば、それを使うほうが効率がよいわけです。

シリコンを使うにあたっては問題もありました。シリコンには原子核の中の中性子の数が違う同位体がいくつもあります。元素的には同じですが、少しずつ重さが違う何種類もの同位体が何%か混ざっているのです。精度を出すにはそれぞれの同位体の比率をはっきりさせる必要がありますが、そこをなかなか明確にできず、精度が出せずに苦しんでいた時期が続きました。

壁を突破するきっかけとなったのは冷戦の終了でした。ロシア（ソ連）にはウランの同位体分離をして原爆や水爆をつくっていた核実験施設がありましたが、冷戦が終わり、１９９０年代にはその施設はあまり使われなくなりました。そのため質量標準の科学者たちが同位体分離装置を使えるようになり、シリコンの同位体測定を厳密に行えたというわけです。

シリコンには22から44の同位体があり、そのうちもっとも多いのが28（全体の92・23%）で、28と29（4・67%）、30（3・1%）が安定同位体です。安定同位体というのは時間が経っても放射線を出さず、中性子を放たないために同じ状態をずっと保ち続けます。標準をつくるのであれば不変の物質がよいわけですから、当然、28、29、30の安定同位体が候補になります。その中からもっとも多い28（28Si）が選ばれ、28だけを濾《こ》すようにして分離し、濃縮したことで、ようやく純粋なシリコン原子の塊がつくれました。

次に、できるだけ真円に近いシリコン球を二つつくります。すでに同位体は28だけに濃縮されているのですが、それでも不純物が混ざっているので、ここでそれをきれいに濾していきます。これを結晶させ、成長させることで、非常に純粋な単結晶のシリコンの塊ができます。

たとえば、塩（NaCl）の結晶は四角いですね。それはNaとClが規則正しく並んでいるから、あのようにきれいに整った形になります。シリコン単結晶をつくるときに重要なのも、シリコン原子が規則正しく並ぶようにすることです。少しでもずれると、その球に入っているシリコン原子の数が正確に計算できなくなるからです。結晶を正確に精度よくつくる技術も、すでに半導体産業によって開発されています。

どのように計測するか

シリコン単結晶ができたら、ここから1キログラムの試料（球）を2個取り出します。このシリコンの球は1キログラムですが、これはあくまでもアボガドロ定数を決めるための道具であり、知りたいのはこの中に〝何個のシリコン原子が入っているか〟ということです。同じ同位体のシリコン原子1個の質量はどれも同じだと私たちは信じているので、別に原子1個を基準としてもいいわけですが、さすがに原子は小さすぎて扱いにくいですね。であれば、そのミクロの世界の原子をマクロの世界でも扱いやすい量にして、そのひとかたまりを基準にしよう。シリコン球をつくるということは、そのような発想に基づいています。

基準にするためには、まずはシリコン原子が1キログラムのシリコン球に何個入っているかが正確に計測できればよいのです。これにより、ミクロの世界の原子と、原子が何十億と集まってできているマクロな量を1対1でつなぐことができるようになりました。アボガドロ定数

図 4-6　シリコン球体　写真提供：産業技術総合研究所

という普遍的な基礎物理定数を得ることで、ようやく質量は、数十年で変化してしまうような曖昧な基準に頼らなくてもよくなるのです。

シリコン球体のサイズは直径約94ミリメートル（図4-6）。シリコンはそれほど比重が大きくないため、キログラム原器に比べて大きめです。密度が高いほうが空気の浮力の影響が少なくてすむため、本来は比重の高い原子を使うほうがよいのですが、ここでは純粋な単結晶をつくりやすいことが優先されました。

計測するときは、空気の影響を除いた状態で測れるように真空をつくり、1ナノメートルの精度で純粋なシリコン球の形状を測ります。

ちなみに、1キログラムの試料が球である理由は、もっとも対称性が高く、もっともよく定義された形のものができるからです。これが立方体であれば、それぞれの辺の長さや、角が本当に直角であるかどうかなど、測るべき量が複数出てきます。しかし、球であれば直径という一つの尺度だけで、その形状が正しいかどうかを決められます。シリコン球を回転させながらレーザーで直径を計測し、地球上にある球でもっとも純粋な球だといえるところまでもっていきます（それでもミクロの目で見れば表面はでこぼこしているわけですが）。

密度に関しては、実際にはシリコン球ではなく、球を取り出したあとの余った試料を計測します。それを図4－7のような形状に加工し、そこにレーザー干渉計で光を照射し、光の波長をもとにしてシリコン原子とシリコン原子の間隔を計測します。その原子の間隔から格子定数

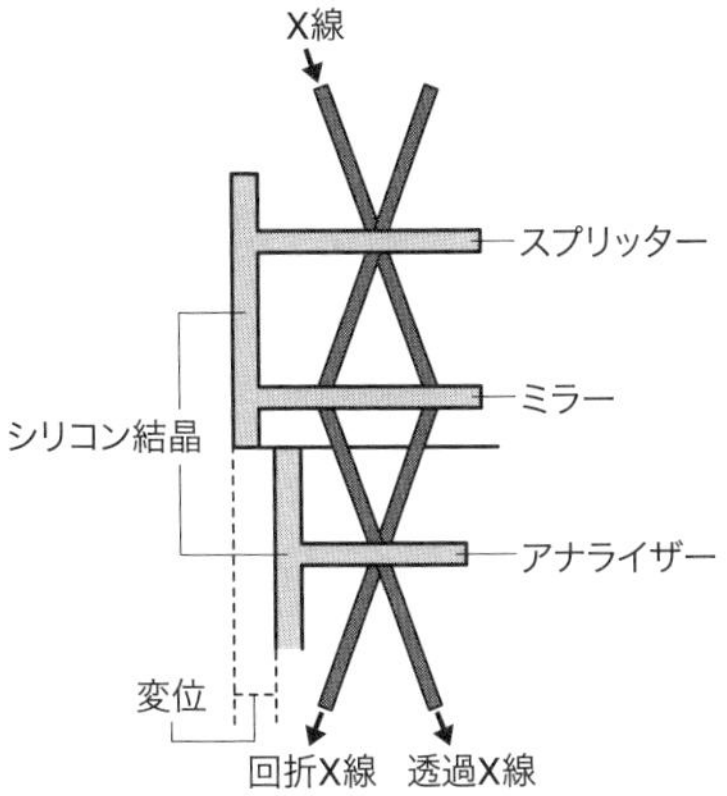

図 4-7　シリコン球の密度の測り方

という数値がわかるわけですが、原子間の間隔が広ければ原子数は少なく密度は疎であり、狭ければ密であるということは感覚的にもわかりやすいと思います。

要するに原子間の間隔と密度は関係しており、そこから密度が求められるということです。

質量や密度については、「質量＝密度×体積」という関係式があります。球の体積は直径を計測することで求められますし、質量はキログラム原器をもとに天秤で計測することで、すでに1キログラムだ

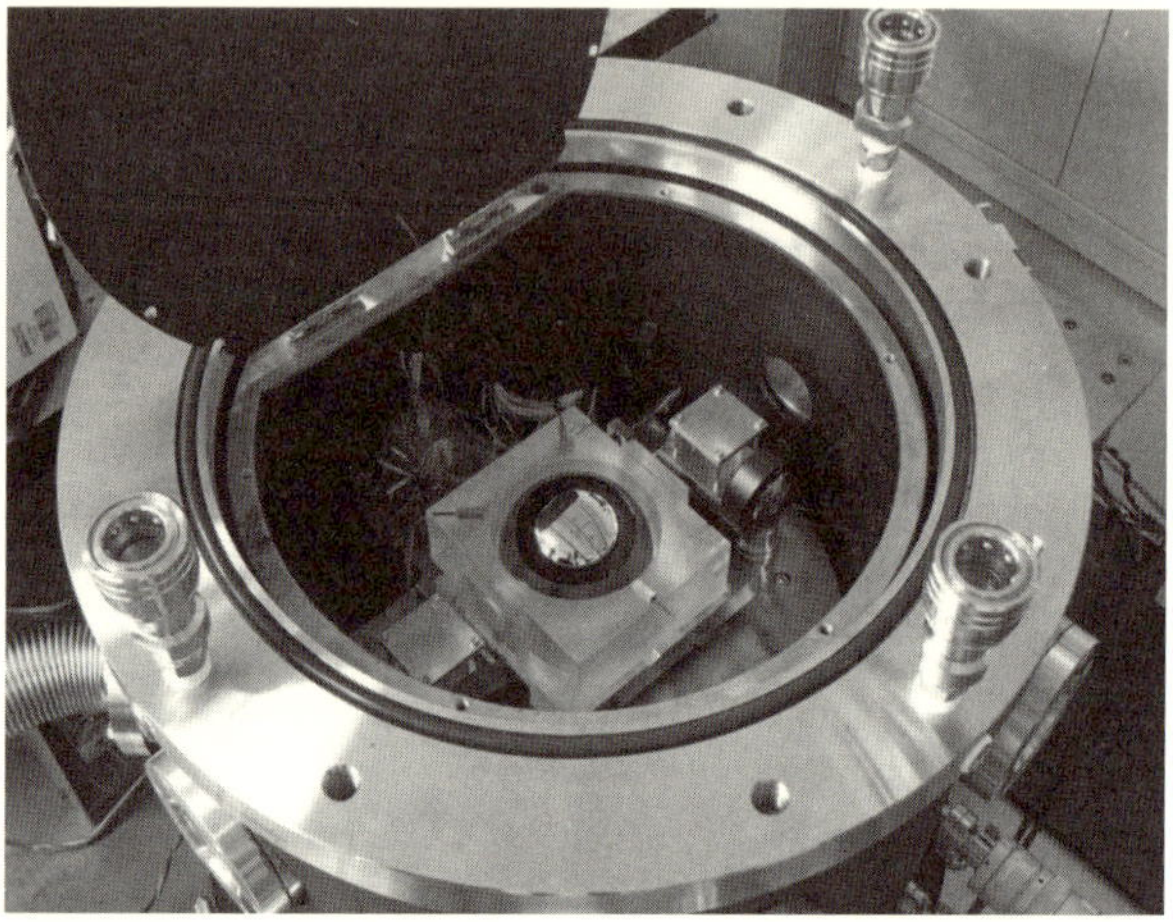

図4-8　シリコン球の密度を測るレーザー干渉計　写真提供：産業技術総合研究所

と求められているため、密度はすぐに求めることができます。密度と原子の個数の関係は、レーザー干渉計で原子間の間隔を測定することで把握できています。そういった一連のプロセスから1キログラムの球に何個原子があるかが計算でき、それがアボガドロ定数に直結する数字になります。

このような計測でアボガドロ定数を高い精度で決定できました。これが2011年のことで、アボガドロ定数の精度は3×10^{-8}と、それ以前より1桁上がりました。

実は、このとき計測に用いたレーザー干渉計は産総研が所有しています（図4－8）。質量標準を再定義するための技術開発を1国で行うのはとても無理なので、それぞれの国の得意技を生かした国際協力のもとで行われており、日本はシリコン球の外形を計測する

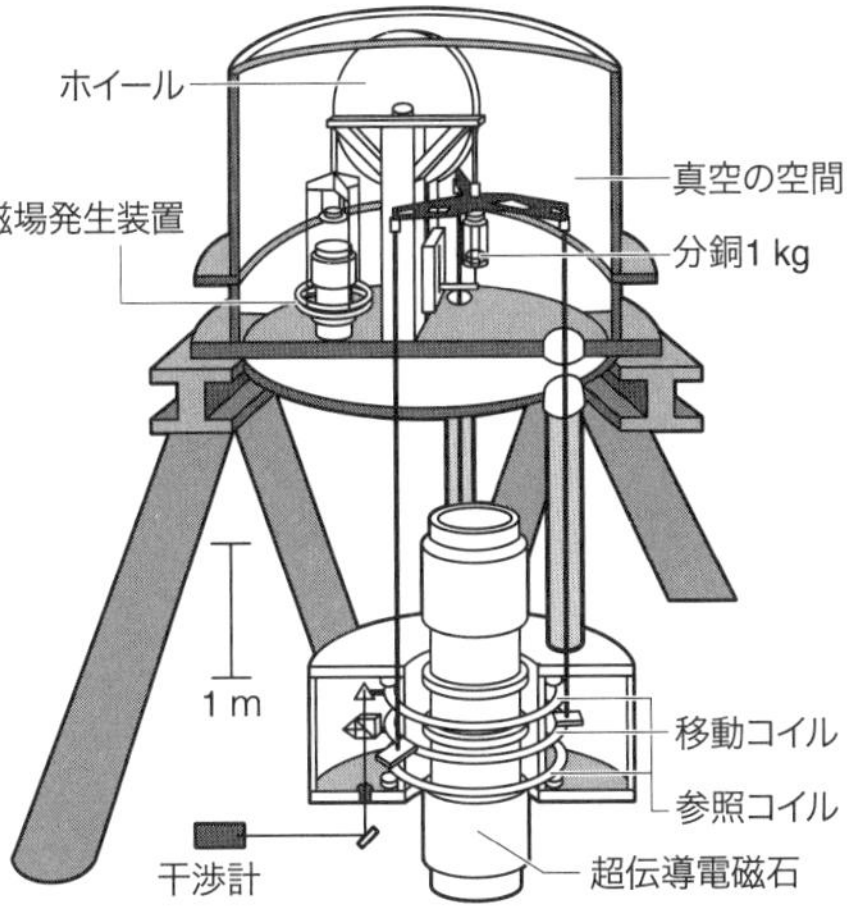

図 4-9　キッブルバランスの概念図

担当になっているからです。アボガドロ国際プロジェクトに参加しているのは、フランス、イタリア、オーストラリア、ドイツ、イギリス、アメリカ合衆国、そして欧州委員会の計量標準研究機関。さきほど出てきたX線干渉計でシリコン原子の間隔を測る研究は、イタリアが担当しています。

さらにいえば、このレーザー干渉計（に用いられるレーザー周波数）は私の所属する時間標準研究室の技術を用いて校正されています。ここで時間と質量が、密かに袖を接しているのです。

電気とつなげたキッブルバランス法

プランク定数を求めるためのもう一つの方法は、キッブルバランス法です。

図4-9のような装置があります。これが

「キッブルバランス（キッブル天秤）」という、いわば概念的な天秤です。天秤の片方に1キログラムの分銅を置きます。そしてもう片方に、それに釣り合うような電磁力を発生させて磁場をつくります。

コイルが二種類ありますが、参照コイルは固定して動かないようにし、そこにはある決まった電流を流します。移動コイルは動くようにして、天秤の片方のアームにつけます。この状態で電流を流さずに1キログラムの分銅を乗せると、分銅側は重さで下に下がりますね。それに対して、もう片方に電磁力を発生させて釣り合わせるわけです。分銅が1キログラムなので、1キログラムジュールの力を発生させることができれば両者は釣り合います。ここでは簡略化して説明していますが、実際は非常に複雑なメカニズムのつくるのが難しい装置であり、これまでキッブルバランスを成功させた国は世界で3か国しかありません。

電磁力で正確に1キログラムジュールの力を発生させるには、流す電流や電圧、抵抗など、物理的・電気的な測定が正確に行われなければ実現できません。しかし、それができれば、力学的な力もそのような電気的な量で表せるということになります。

現在、電流や電圧は「ジョセフソン効果」「量子ホール効果」という量子力学的な効果によってきわめて精度よい測定が実現されています。そのため発生した電磁力が1キログラムジュールであることは保証され、ここで質量と電気という二つの異なる量がつながるわけです（実際には重力加速度も計算しなくてはいけませんが）。またジョセフソン効果、量子ホール効果はどちらも量子的な効果なので、やはりここにもプランク定数がかかわってきます。なおジョセフソン効果、量子ホール効果については、本書の範疇《はんちゅう》を大きく超えるため詳細な解説は省きます。ここでは、そういう効果がある、という程度に理解していただければと思います。

おさらいします。キッブルバランスと呼ばれるこの天秤は、力学的な力と電気的な力を釣り合わせることで両者の世界をつなげることに成功しました。このときの電流や電圧などの量は、ジョセフソン効果、量子ホール効果によって高精度に測定でき、その過程で出てくるのがプランク定数です。要するに、プランク定数もジョセフソン効果、量子ホール効果によって求められる値であり、間接的な方法ではありますが、キッブルバランスのシステムがきちんと機能していればプランク定数は正確に求められることになります。

なお、キッブルバランスは最近まで「ワットバランス」という名前でしたが、発案者であるイギリスのキッブル卿が2016年に亡くなり、氏を偲《しの》んでその名を冠する名称に変更されました。

再定義に向けて

以上のような二つの原理を用いて、プランク定数を求める研究が国際的に進められてきました。もし二つの原理から出てきた数値が一致しなければ、それはどちらかが（あるいはどちらもが）間違っていることになります。2000年代後半までは二つの方法で求められたプランク定数の不確かさがかなりずれていましたが、２０１０年代に入って両者の数値が一致するようになり、これでようやく、それがプランク定数の値だろうと信じてよい状況に至りました。現在のところ、国際キログラム原器廃止後の新たな質量の定義は「キログラムの大きさは、プランク定数の値を正確に$6.62607015 \times 10^{-34}$ Jsと定めることによって設定される」となる予定です。

ここまでくれば、残るはキログラムの新しい定義をどう記述するのかという問題だけ。とうとうキログラム原器の時代が正式に終わり、質量も基礎物理定数を用いた新しい定義の時代に入っていきます。

【コラム④】

測る装置を測る？——干渉計

２０１７年のノーベル物理学賞は、「重力波」を世界で初めて直接観測した国際研究チーム「ＬＩＧＯ」を率いた3人のアメリカの物理学者レイナー・ワイス、バリー・バリッシュ、キップ・ソーンに贈られました。重力波というのはアインシュタインが１９１６年に予想した波動現象のことです。非常に小さい現象であるため、実際に観測して検証することは難しいと考えられてきました。

私がいきなり重力波の話を始めたことを、訝《いぶか》しく思う方もいるかもしれません。現代の宇宙観測の成果と単位の話のあいだに何の関係があるのか、と。ところが、大いに関係があります。実は重力波を観測した装置は、長さや質量を精度よく計測するために用いたのと同じ「干渉計」という装置です。干渉計は距離と波長をつなげる装置であり、計量と密接な関係があるのです。

干渉とはなにか

干渉計が測る「干渉」は、何らかの波のあるところに起こる現象です。たとえば、水面の少し離れた2か所で波紋が生じているとします。二つの波紋は同心円上に広がり、あるところで重なり合います。すると、重なり合った波のある部分では波が高くなり、ある部分ではあまり高くならないことに気づくでしょう。このように二つの波が重なり合って、ある部分では合成されて振幅を強め合い、ある部分では振幅を弱め合うことを干渉といいます。このとき強め合う部分と弱め合う部分の差が縞《しま》状に見えますが、これが「干渉縞」です。

科学の世界における干渉の歴史は、ニュートンの時代にスタートしました。分光を研究していたニュートンは、凸レンズを2枚重ねて光を当てると同心円状のパターンが見えることを発見。ニュートンリング（ニュートン環）と呼ばれる現象です（図C-1）。さきほどは水の波を例に挙げましたが、ニュートンリングは光の干渉によって起こる現象です。

干渉パターンは光の波長や入射角の違い、そのパターンが映るものの形状などによって、さまざまに縞の幅や描かれるパターンを変えていきます。ということは、そのパターンの違いを見れば、波長自体の性質を知ることができるということになります。しかも光の場合は少し特殊な性質を持っています。波や音の場合は振幅の幅が異なる（すなわち周波数が異なる）波長どうしでも干渉によるうねりが生じるのに対し、光は基本的に異なる周波数では干渉は起こりません。ということは、光源からある光（周波数がすでにわかっている光）を発したとき、もう一つの光ときれいな干渉パターンができれば、その光源はその周波数の光であると特定できることになります。

そこから干渉を計測する干渉計という装置が発想され、その副産物として、ナトリウムランプやカドミウムランプなどのような1種類の元素だけを用いた放電ランプがつくられていきました。

分光と長さ計測

放電ランプというのは中に元素が封入されていて、高電圧をかけることでそれぞれの元素に特有の色の光を出す装置です。トンネルの中を照らすオレンジの光のランプはナトリウム原子が入ったナトリウムランプですし、街灯などに使われている青白い光を

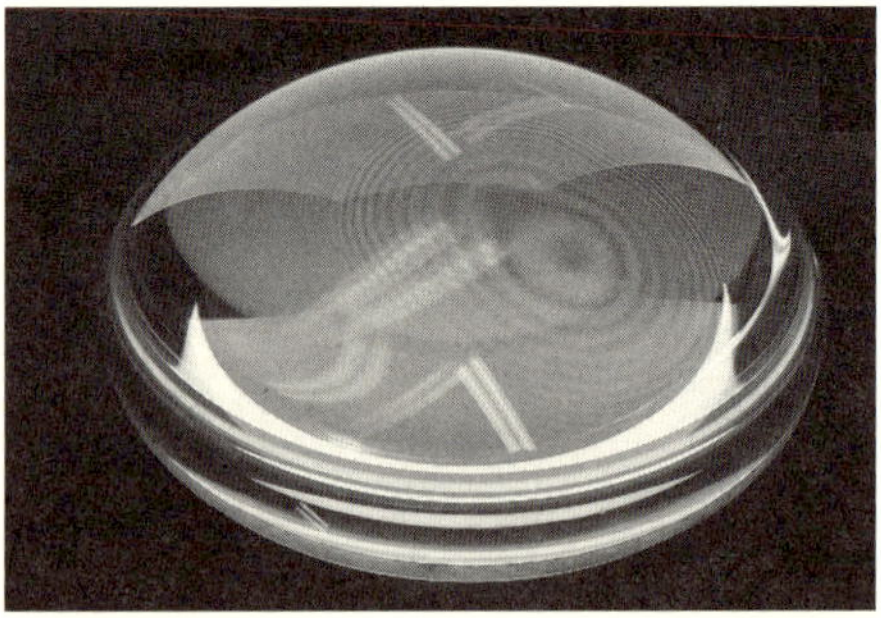

図 C-1　ニュートンリング　Wikipedia より。

発するランプには水銀原子が、赤橙色のネオンサインにはネオン原子が入っています。私たちの身近にあるランプを考えてもそれぞれ色味が異なるので、元素に固有の色があること（＝発する周波数が異なること）はイメージしやすいと思います。

19世紀にはフラウンホーファーやブンゼン、キルヒホッフらが盛んにこういった光源の分光を行い、それぞれの元素の出す光ごとの周波数を割り出していきました。元素固有の周波数が明らかにされていったことが、決して変化することのない元素の周波数を用いて長さや時間を測定しようという、その後の発想につながっていくわけです。そして、長さをできるだけ正確に計測したいというモチベーションが、長さを精密に測るための精度の高い光源をつくることに発展していきます。光源を分光して周波数がわかったことから、今度は逆に、安定した周波数を精度高く出す光源をつくるという動きが出てくる……というように、科学と新しい計測技術は互いに入れ子状になって進化していることがよくわかる例だと思います。

19世紀にはカドミウムランプやネオンランプ、クリプトンランプなど、固有の波長の光を出すさまざまな放電ランプがつくられ、1873年、イギリスの物理学者マクスウェルが「光の特定波長をメートルの単位の定義とするべきだ」と発表するに至ります（第3章参照）。

1893年にはマクスウェルの主張に共感していたアメリカのアルバート・マイケルソンが、メートル原器の長さを、初めて光の干渉を用いて計測しました。実際に光の波長（クリプトンランプの波長）がメートルの定義となったのは彼らの主張から60年以上経った1960年のことでしたが（技術革新が著しい時代で、この定義は１９８３年までと短命に終わりました）、19世紀にマイケルソンが開発した「マイケルソン干渉計」をはじめとする種々の干渉計は、その後、長さに限らず計測の世界を力強く引っ張っていくことになりました。

光の干渉を利用して測る

干渉計というのは光の干渉を利用して波長やものの長さ、さらには物質の表面の形状などを測定する装置です。マイケルソンの発明した「マイケルソン干渉計」は、まず単色の光を光源から出し、そのまま先に向かう光と反射する光の二つに分けます。次に、分けた二つの光をミラーで反射させて合流させ、角度を変えて進ませます。すると、その光がぶつかる場所に設置された検出器で干渉縞が検出できる、というしくみです（図C－2）。

マイケルソンがこのような干渉計をつくったそもそもの理由には、当時の物理学で考えられていた「エーテル」の存在がありました。当時、光が空気中を伝わるのは、この世界を満たしているエーテルという謎の物質が媒質となるからだ、という仮説が立てられていたのです。アインシュタインもエーテルの存在が前提にある世界に生きていたので、地球が動いているときはエーテルの風の中を走っていることになるから、ある方向とそれと直交した方向では光の進むスピードは異なるのではないかと考えました。

アインシュタインのいうとおり、光の進むスピードは本当に方向によって違うのか。マイケルソンはそれを干渉計で確かめようとしました。直交する二つの経路を進むのにかかる時間を比較した「マイケルソン＝モーリーの実験」の結果、変化はないことが明らかになり、エーテルの存在は否定されました。干渉計とはそのように、二つの光源をもとにして干渉縞を生じさせることで周波数を計測し、そこから長さや時間を精度よく計測する装置です。

　クリプトンランプが長さ（メートル）の定義だった時代は、さきほども書いたとおりわずか23年で終わったわけですが、その理由は、より安定した周波数を出し続けられるレーザーが開発されて、より精度の高い計測が可能になったからです。現在、長さの定義は基礎物理定数に基づいていますが、その定義を使って実際に1メートルという長さを測定するときには、レーザー光の波長を長さの〝ものさし〟として使っています。そして干渉計は、そのものさしの長さを測る装置としても機能します。

　ものを測るレベルにはさまざまあり、国家標準レベルもあれば工業生産の現場レベルもあります。精密加工の現場ではある程度以上の高精度での計測が必要で、そのときには、マイクロメータ

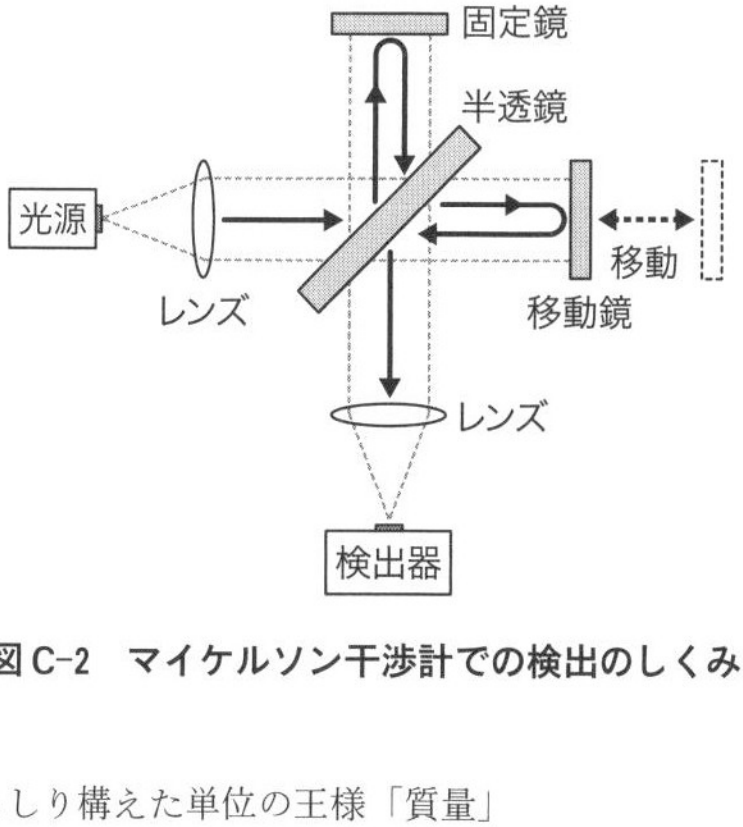

図C-2　マイケルソン干渉計での検出のしくみ

ーやノギス、ブロックゲージなどが使われます。ブロックゲージというのは硬くて変化しにくい材質でできた直方体のブロックで、端から端までが50ミリメートルと精度高くつくられている道具です。これは現場におけるサイズの基準となる、いわば現場のメートル原器ともいえるものです。

産総研ではその〝現場用メートル原器〟が正しいかどうかを計測していますが、そのときに用いるのが「ブロックゲージ絶対測長」で、これはまさにこれまで説明してきたように光の波長と比べることによって長さを測定する装置です。その光の周波数は決まっているので、その長さの波長が何回入っているかをカウントすることで長さを割り出します。「ブロックゲージ絶対測長」の光源はレーザーですが、過去にはやはりクリプトンランプやカドミウムランプが使われていました。

質量や重力波の計測でも活躍

ここまで長さの話をしてきましたが、第[illegible]章でもアボガドロ定数を求める過程で干渉計が出てきたように、干渉計はさまざまなところで利用されています。冒頭で、重力波を観測した「LIGO」（巨大な望遠鏡ともいえます）もマイケルソン干渉計であることを示しましたが、日本の大型重力波望遠鏡「KAGRA」も原理は同じです。これらは数キロメートル離して設置した二つの光源を用いて天体につくられる干渉縞を検知し、その歪みなどを計測することで重力波を観測しています。

望遠鏡の検出能力は観測装置が大きければ大きいほど高いので、どんどん大型化しています。将来的には宇宙に二つの人工衛星を打ち上げて光源とし、人工衛星どうしの距離を精密に制御することで、何万キロメートル単位という大きさの干渉計として機能させるようなことも夢見られています。

第5章

飛躍的に精度が向上している「時間」

一　時間計測の歴史

時計は私たちの生活において非常に身近な存在であるにもかかわらず、なぜか学校教育では小学校1年生で時計の読み方を学ぶきり、時計について取り上げられることはありません。しかし、時を測ることは人類の歴史に非常に重要な役割を果たしてきました。時間計測と政治、産業、科学技術はつねに密接にかかわっており、人間の社会は、より精度の高い時計ができることで発展してきたといってもよいほどです。

人間が時間を測るようになったのは何千年も前ですが、長いあいだ1秒という単位は存在していませんでした。時間はもっとアバウトに測られていたのです。それが現在の最先端の科学技術では、時計は18桁の精度にまで到達しています。18桁の精度というのは、0・00000000000000001秒まで正確に測れるということです。数千年かけて人間は、宇宙の年齢と同じ138億年に1秒ズレるかズレないかという精度を出せるところまで、時間の単位を進化させてきました。

ここではまず、これまで人間が時間という量をどのように測ってきたか、その歴史をひもといていきましょう。

誤差の大きかった初期の時計

人類最初の時計は「暦」、つまりカレンダーです。暦は、太陽や月の動きを基準に時間の流れを測り、体系づけて、1日単位で表示した一覧式のデジタル時計ということができます。太陽が出たら起きて働き、日が沈む前に帰って寝る。時間をそのように「1日」という単位で区切っていた時代が何千年も続きました。

このときの時間計測の基準は、太陽と月の動きです。時間計測と天文学は直結しており、暦はさまざまな天体現象の「予言」にも使われました。つまり、暦づくりは「占星術」でもあったわけです。古代の為政者は日食をはじめとするいくつもの〝天変〟を予言し、民衆に知らせ、安心せよと伝える。そのようなことで人心を摑《つか》み、権威を保っていました。古代中国の皇帝は「時をも支配する存在」とされていましたが、これは暦をつかさどることと政治・権力との関

図 5-1　日時計

係をよく表しているといえるでしょう。

また、暦によって得られる「今年はいつごろ川の氾濫があり、いつごろ梅雨に入り、いつ台風がくるのか」といった情報は、農業にとっては作物の収穫量に直結する非常に重要な情報です。国を治め、民を養うためにも、為政者が暦を把握しておくことは必須のことでした。

人類最初の人工的な機器としての時計は、紀元前3000年ごろのエジプトに登場した「日時計」です（起源はそれ以前の古代バビロニアにあるといわれていますが）。これは太陽の動きに従って時計の部品の影が動いていくことを利用し、影の届く位置に目盛りを入れて、1日の長さをいくつかに区切ったものです（図5－1）。影が時計の針の代わりだったわけですね。目盛りの幅は今の時間の2時間程度。当時、生活するにはそのぐらいの精度で時間がわかれば十分でした。また、この時計は太陽の出ているあいだしか測れないので、夜間や雨の日は機能しないという弱点がありました。

西洋の時計の歴史では、この後、紀元前1600年ごろのエジプトに水時計が登場します（やはり同時期のバビロニアにも水時計があったとされています）。水時計は底に小さな穴を開けたボールの内側に目盛りを入れたもので、このボールいっぱいに水を入れておくと、時間の経過とともに、いつも同じ量の水が穴から流れ出ていき、ボールの中の水は等間隔で減っていきます。この時計の登場により、人々は夜でも時間が測れるようになりました。ただし、寒さが厳しい地域では水は凍ってしまうので、北欧などでは冬は使うことはできませんでした。

もちろん西洋以外でも時計は開発され、技術は進化してきました。水時計は中国にもインドにも存在していましたし、日本には7世紀後半に中国から水時計がもたらされています。

その後、水時計のボールと水を、ガラス器と砂に置き換えた砂時計が発明されます。古代ギリシャ、ローマ時代には砂時計は存在していたという話もありますが、広まったのはイタリアで精巧なガラス細工がつくれるようになった11世紀以降です。持ち運びにも便利だった砂時計は航海などにも用いられたと考えられます。ただし、砂が全部落ちてしまうと誰かが引っくり返さないといけないという、手間のかかるものではありました。

12世紀に入ると、おそらく最初はイタリアで、機械式時計が発明されました。最初の機械式時計は、おもりを動力とした教会の塔のような形状の「塔時計」でした。これは吊るしたおもりをワイヤーウィンチで巻き上げ、それが塔の上から下までゆっくりと落ちていくあいだ、時間を測るというもので、おもりの落ちる速度はバージエスケープメント（冠歯車脱進機）というメカニズムで調整できました。冬も凍らず、長時間動かし続けることができたこの便利な時計は、まず教会に備えられました（図5-2）。この時代も古代のように「時を支配するものがすべてを支配する」ことに変わりはなく、最新式の時計を持てる立場にあるのは、当時のヨーロッパにおける権威の中心であったキリスト教の教会だったわけです。

図 5-2　ソールズベリー大聖堂の時計
写真：Rwendland

塔時計が時間を表示する盤面は現在のアナログ時計と同じような外見でしたが、針は現在の短針に当たる1本だけしかなく、1時間の中の大まかな時間（その時間になったばかりなのか、半ばごろなのか、1時間が終わろうとしているのか）はわかりますが、それ以上に細かい時間を正確に把握することはできませんでした。また、バージエスケープメントのメカニズムは精度が低く、1日で1時間程度の誤差が出たということです。

しかし、最高の権威が持つ時計を手がけるのは、当然、最高レベルの腕前の職人たちですから、機械式時計の技術はどんどん進化していき、16世紀初頭にドイツでゼンマイ式時計が発明されるに至りました。

「1分」「1秒」の誕生

1538年、ガリレオ・ガリレイが科学史に残る大発見をします。「振り子の等時性」の法則を発見したのです。「振り子は（振り幅がある程度以上にならなければ）その往復にかかる時間は一定である」というこの法則は、時計を格段に進化させることになりました。

この新しい知見によって時間は高い精度で測定できるようになり、天文学は大きく発展しました。1619年にケプラーが天文運行法則を発見しましたが、これは「振り子の等時性」の法則がベースになっていると考えられます。おそらくニュートン力学もそうでしょう。

1656年にはオランダのクリスティアーン・ホイヘンスが振り子時計を発明。時計の誤差は一気に1日10分程度にまで縮まりました。このような時計の精度の向上は、天文学だけではなく、さまざまな分野の科学を急速に進化させることになります。

このころから時計の針は2本になり、分針が1時間を60分割した「分（minute）」を刻むようになりました。17世紀に入って、ようやく人類は「1分」という概念を獲得したのです。1

時間が10ではなく60に分割されたのは、ヨーロッパの文明は六十進法を用いていたバビロニアの影響を受けていたからだと考えられます。多くの数の倍数である60は、ある量を分割して考えていくときには使いやすい数なのです。

時計の精度がさらに向上していくと、1分という時間をさらに細かく分けたいという欲求が出てきます。実際、18世紀近くなると、1分をさらに60分割できるほど時計の精度が上がっていました。それが「秒（second）」です。秒はもともと「second minute（＝第二の分）」と呼ばれており、そこから「minute」が抜け落ちて「second」といわれるようになりました。

時計の精度が上がっていくと、それに伴い天文学も進展します。当時の天文学の基本は、何時何分にどの星がどの位置にあったかを記録し、そこから何時間でその星が何度動いたかを知ることにあったためです。観測基準である時計の精度が上がれば、天体観測の精度も自動的に上がるというわけです。

単位はニーズによって進化する。それを考えると、1分をさらに細かく分けたいと最初に願ったのは天文学者だったのではないでしょうか。精度の高い暦、精度の高い時計こそ、国を治めるために重要な道具だった時代、権力者のための暦をつくっていた天文学者たちの仕事は、より正確に天体観測を行い、精度の高い暦をつくることにほかならなかったのですから。

【コラム⑤】

フランスの十進法時計

１７９３年、フランス革命直後のフランスでは、すべてを十進法で計算する「メートル法」の精神のもと、時間も十進法でカウントしていく「フランス革命暦（共和暦）」という新たな暦法が施行されました。1週間を10日、1日を10時間、1時間を１００分、1分を１００秒とした、合理的でとてもわかりやすい（はずの）新しい暦法です。

しかし、この制度は長続きしませんでした。身に染み込んだ時間感覚は多少のことで変えられるものではありません。それまでの習慣とかけ離れた感覚の暦は、メートル法には賛意を示した他のどの国にも追従されることなく、フランスの人々に混乱をもたらしただけで終わりました。長さや重さ、温度であれば、異なる単位の数値でも換算すればなんとなく理解できます。しかし不思議なことに、時間だけは単位が変わるとまったく感覚的についていけなくなってしまうのです。

単位を決める行為の背景には歴史の連続性があり、変わることがあっても、基本的にはそれまでの人間の営みに基づいています。何かを測って精度よく伝えたいのも、その量を知りたいと考える人がいるからです。大切なのは、知りたい人と教えたい人がコミュニケーションをし、このような量であると互いに納得できることです。つまり、相互の信頼がベースになります。歴史の連続性、身体感覚から切り離した時間の単位は、人間どうしのコミュニケーションに有効に働かなかったといえるかもしれません。

経度を知るために開発された時計

16〜17世紀、造船技術が向上したことで、ヨーロッパの国々はアジア、アフリカ、アメリカといった未知の土地に向かって大海に出ていけるようになりました。この、いわゆる大航海時代に入ると、ヨーロッパでは高精度な時計の開発が国家事業となり、時計の技術が大きく発展します。

インドやアフリカから産出される金銀財宝や珍しい香辛料は高値で取引され、莫大な富をもたらすとあって、一攫《かく》千金の夢が人々を航海に駆り立てました。しかし、航海には大きなリスクも伴います。遠い国々からの財宝を積んだ船はしばしば海賊に襲われ、運んできた荷物は根こそぎ奪われました。命が奪われることも多々あったでしょう。実はそのころ、航海中の船は海上での位置を正確に知ることができなかったので、迷わないように陸地からあまり離れていないところを航海するしかありませんでした。つまり、どの船も陸地に近い限られた海域を進むしかなく、狭い範囲にさまざまな船がひしめき合っていた状態だったのです。海賊にとっては好都合きわまりない状況でした。

また、海上の位置がわからなければ、目的地までの最適な航路を選べるとは限りません。遠回りのルートを通って、航海が無駄に長引くこともありました。航海の期間が長引けば長引くほど、積んできた食料や飲料が底をつくリスクが高まります。それにつれて餓えやビタミン不足からくる壊血病で命を落とす船員も増えていきます。一発当てれば一生遊んでいられるほどの富が得られた一方、実際は船員の半数が船上で命を落としており、当時の航海はハイリスク・ハイリターンの最たるものといえました。

当然、人々はそのリスクを下げようと考えます。どうにかして海上の船の位置を正確に知りたい。当時のヨーロッパではこれが非常に大きなニーズとして存在していました。

緯度は太陽や北極星の位置をもとに容易に割り出すことができます。問題は経度です。船は動いているし、地球は自転しているとあって、船の上では経度を知る手がかりがありません。17世紀の科学界において海上での〝経度を知る〟ことは不可能の代名詞であり、同時に、大きなテーマでもありました。

1714年、イギリス議会は「経度法」を発布し、海上における実用的な経度測定法を開発した人には、イギリス国王の身代金に相当する巨額の賞金を与えると宣言しました。これによりイギリスでは、ニュートン、エドモンド・ハレーといった一流の科学者から市井の人々まで、こぞって経度計測法の開発に取り組むことになります。

天文学者たちは当然のことながら、振り子時計を用いて天体観測をし、そこから経度を割り出す方法を提案するわけですが、これには致命的な欠陥がありました。揺れる船上では振り子の揺れが一定しませんし、振り子が止まってしまうこともあり、振り子時計で正確な観測をすることはできないのです。また、観測から位置を割り出すには時間のかかる複雑な計算が必要であり、船の乗組員がその場でそんな計算をしなくてはならないこと自体に無理がありました。

とはいえ、時間がわかれば経度が割り出せること自体は間違いではありません。たとえば、ロンドンで正午（太陽が真上にあるとき）に「12時」に時計を合わせ、西に向かって船を出します。数日間航海し、太陽が真上にあるときに時計が「1時」を指している場合、船の位置は西経15度の地点にあるとわかります。経度が15度違うと、時差は1時間になるわけですから。この方法での計測が適切であることはみなわかっており、あとは揺れる船上でも止まらない時計ができるかどうかにかかっていました。

その問題を解決したのが、イギリスの元家具職人ジョン・ハリソンです。ハリソンは職業柄、どの木が湿度によって伸び縮みするか、どの木とどの木を組み合わせると伸び縮みを相殺できるかなど、木の性質に通じており、その知識を駆使して歪みの少ない高精度な時計を製作することに成功しました。それが揺れる船上でも止まらない「マリンクロノメーター（海上時計）」です。

彼のつくった最初のマリンクロノメーターは、1728年から5年をかけた「H1」という大きな据置型の時計です（図5-3）。振り子ではなくバネでおもりが振動するメカニズムを持っていたため、

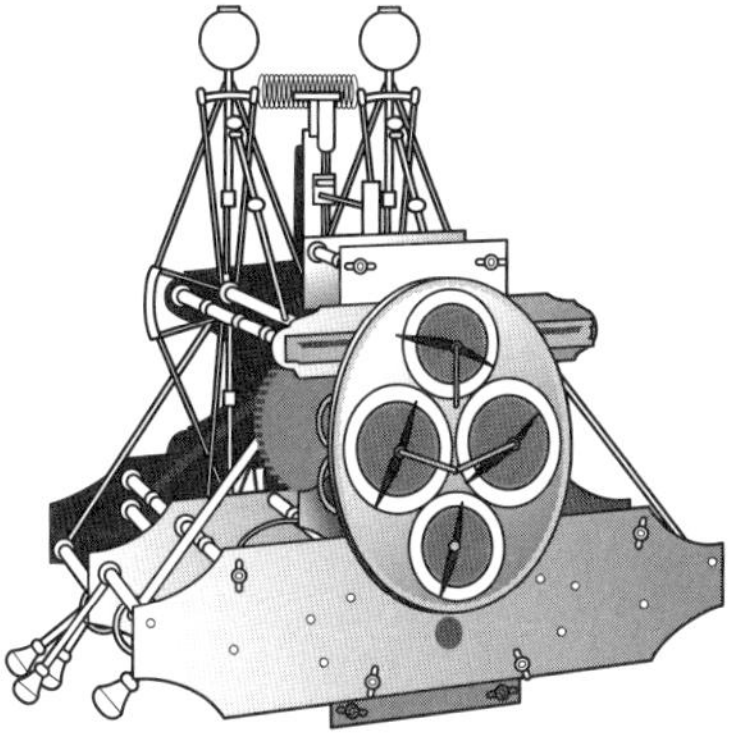

図 5-3　最初のマリンクロノメーターのイメージ

船の揺れとは関係なく時を刻むことができました。その後ハリソンは約40年にわたって4世代の時計を製作、最後の「H4」は懐中時計のように小型化されるに至りました。

高精度の海上時計をいち早く開発できたからこそ、イギリスは海上での優位性を確保でき、七つの海の覇者となれたのでしょう。

1年に1秒しかズレない振り子時計

一方の振り子時計も、地上で使うぶんには非常に優秀な時計です。こちらも精度向上をめざして着々と研究が続けられていました。

当時のヨーロッパの振り子時計の問題は、振り子が金属製だったことです（アジアでは竹製でした）。金属は温度の変化によって若干伸び縮みするため、それによって時間が狂ってしまうのです。どうすればその誤差を打ち消すことができるでしょうか。

試行錯誤を経て開発されたのが、振り子の棒の先のおもりが水銀柱になっている「水銀振り子」でした。水銀柱は温度が上がると伸び、温度が下がると縮みます。そういった水銀柱の伸び縮み幅のほうが、振り子の金属棒の伸び縮み幅よりも大きいため、金属棒が伸び縮みしても全体では重心は変わらず、誤差が少なくなるというしくみです。なお、マリンクロノメーターの発明者ジョン・ハリソンも、熱膨張率の違う素材を組み合わせて温度変化によるおもり位置の変化を相殺する「すのこ振り子」を考案しています。

そして1897年、フランスの物理学者シャルル・エドゥアール・ギョームが画期的な発見をします。ギョームはインバー合金（鉄、ニッケル、マンガンなどの含まれる合金）の常温付近での熱膨張率が、鉄やニッケルの10分の1程度であることを見いだしたのです。伸び縮みの少ないインバー合金を振り子の素材とすることで、振り子時計の精度は大きく向上しました。

20世紀初頭には、鉄道技師ウィリアム・ショートがインバー製の振り子を真空容器の中に入れた「ショート時計」を発明します。ショート時計は温度、湿度、気圧が変わっても、一度振り子を動かし始めると何のエネルギーを与えない場合でも約8時間動き続け、誤差も1年に1秒程度という優れた時計でした。振り子時計はこの「ショート時計」をもって進化の最終地点に到達したといえるでしょう。

機械から電気へ――クォーツ時計の誕生

20世紀に入ると、それまでの時計とは質的にまったく異なる時計が出てきました。1928年に誕生した「クォーツ時計」です。それまでの時計は機械（メカニクス）でしたが、クォーツ時計は電気と機械の融合した「エレクトロメカニクス」という分野に入るものです。

クォーツ時計は今も一般的に使われていますが、そこに用いられているのは電圧をかけると圧電体が伸び縮みする「逆圧電効果」という現象で、ここでの圧電体はクォーツ、すなわち水晶ということになります。

クォーツ時計が動き続けるしくみはやや複雑な話になりますが、これまでの振り子時計や、これ以降で紹介する原子時計のしくみともかかわるので、少し説明しておきたいと思います。まず、前後に振れているブランコを思い浮かべてください。適切なタイミングで後ろから押すと振動は長持ちしますが、振動の周期や押すタイミングが変化すると次第に減衰していきますね。クォーツ時計では圧電結晶に対して、これと同じように適切なタイミングで押して振動させ続けています。

どの圧電結晶にも結晶ごとに固有の振動数があります。クォーツならクォーツの振動数は決まっていて（3万2768ヘルツ）、叩くと一定の振動でブーンと音を出したり振動したりします。その振動に合わせて適切なタイミングで電圧をかけると、ちょうどブランコに乗っている子どもの背中を押すように、振動と力が共鳴して振動を持続させることができます。タイミングよく押すことで、結晶は振動エネルギーを失うことなく押したエネルギーを貯めていけるからです。

クォーツ時計では電圧をタイミングよくかけるメカニズムを電子回路でつくり、それで結晶に圧をかけていきます。すると結晶は振動しながら電圧も発生させて、振動と電圧が共鳴し、一定の振動を刻み続けます。その振動の数を数えることで時間を測ることができるわけです。

かつては振り子時計に代わって天文台で使われていたクォーツ時計ですが、現在は小型化され、一般の人々の持つ腕時計などに使われているのはご承知のとおりです。精度は1年で数秒から数分の誤差が生じる程度。日常生活で使うには問題はありません。

しかし、クォーツ時計はそれまでの時計より精度が高かったにもかかわらず、1秒の定義として採用されることはありませんでした。

二　1秒の定義の変遷

最初に定義された1秒

ここまで時計の歴史を追ってきましたが、ここで一度中断し、時間の単位の定義の変遷を追ってみましょう（図5－4）。

「秒」という単位ができた17～18世紀当時、時間は1日単位の暦が基準になっていました。1日の長さは地球の自転の周期に基づいており、「暦日の長さ（Length of Day：LOD）」と呼ばれます。当時の時間計測のベースは天文学なので、このLODが基準となるわけです。それを24分割して1時間とし、1時間を60分割して1分、1分をさらに60分割して1秒、としていました。つまり、LODの8万6400分の1を「1秒」としていたということです。

しかし、20世紀に入ってインバー合金を用いた高精度のショート時計が登場すると、意外な事実が明らかになってしまいました。それまで一定だと思われていたLODですが、実は季節や潮汐の変化によってフラフラと変動していたのです。計測ツールの精度が上がると、それま

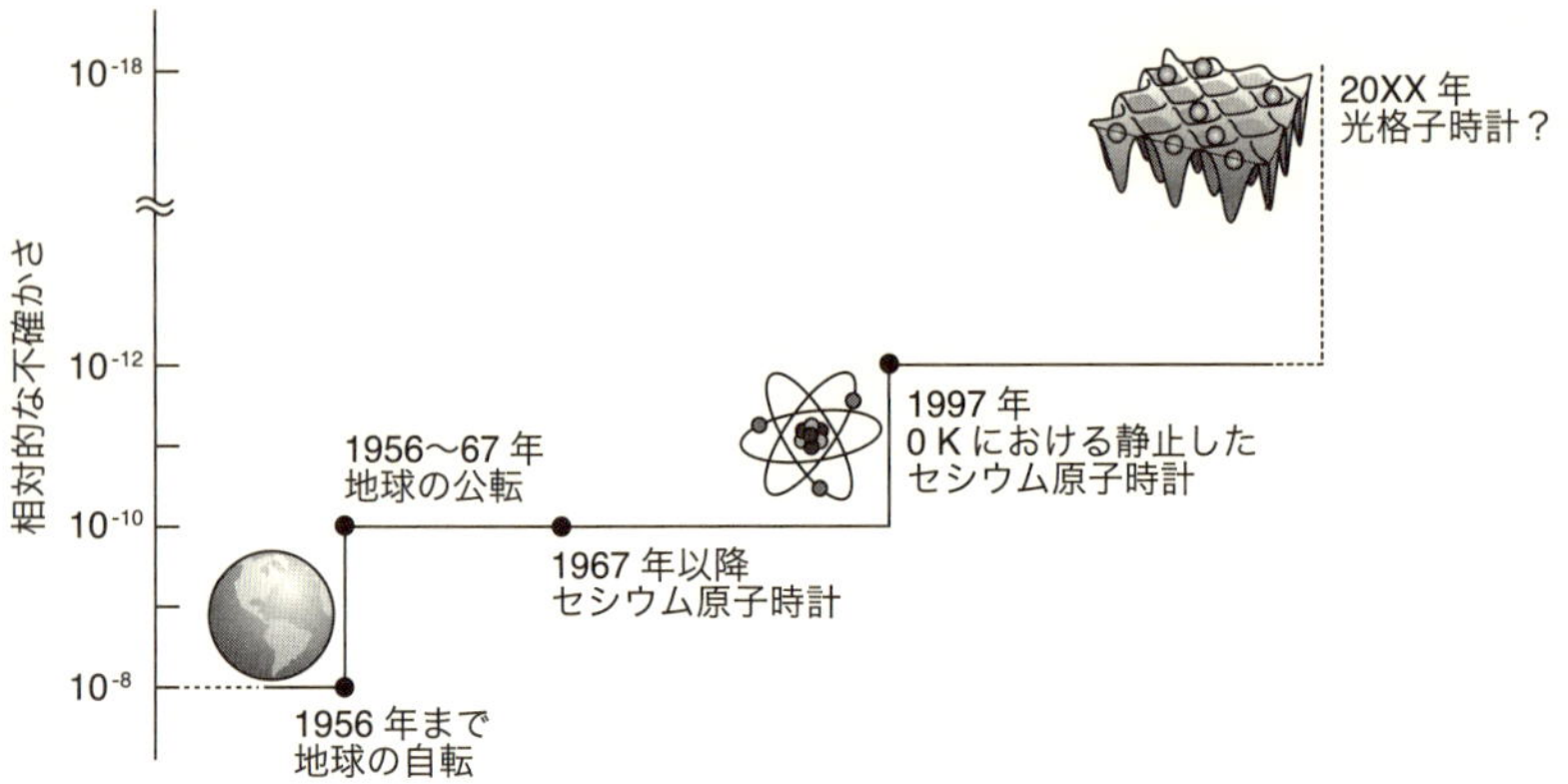

図 5-4　秒の定義の変遷

で見えなかったものが見えてきます。それはたとえば、光学顕微鏡で見えなかった世界が、より高倍率の電子顕微鏡を使えば見えるようになるのと同じようなことです。

いずれにしても、ＬＯＤがそのように変動する不安定なものだとわかってしまったからには、このまま単位の基準にしておくわけにはいきません。そこで１９５６年、国際度量衡委員会は１秒の定義を地球の公転に基づくものに変更しました。地球の自転より公転のほうが変動量が少なかったためです。このとき定められた定義は「１９００年の年初に近い時で、太陽の幾何学（章動と光行差の影響を除いた）平均黄経が２７９度41分48・04秒となる時刻を基点として測り、この時刻を暦表時１９００年１月０日の12時（日本標準時で１８９９年12月31日21時）と定義する。暦表秒はこの時刻から１太陽年の1/31556925.9747」というもの。なんだかよくわからないと思いますが、要するに、１

日周期ではなく1年周期で考えるほうが平均されてズレが少なくなるので、1日を8万6400秒とするのではなく、1年を3155万6925・9747秒と考えることにしたということです。

ところで、1950年代にもなって公転を基準に採用したというのは少し不思議ではないでしょうか。というのは、この時代にはクォーツ時計の精度はとても上がっていたのです。それであればクォーツ時計を1秒の定義に用いてもよかったのではないでしょうか。

それが基準として認められなかったのは、クォーツ時計は自然界にある普遍的なものではない、という理由からでした。水晶自体は自然界の鉱物ですが、そこにカットを施すなどの人工的な処理をしているために「人工物」と扱われます。個々の結晶によって、またカットの具合や経年変化によって振動数が変動するのも、絶対的な基準としてはふさわしくないと考えられました。普遍的な基準のためには不変の素材が必要なのです。それに、人工物は壊れることもあるし、誰もが平等に高精度な時計を手に入れられるわけでもありません。標準である限り、万人に同じように1秒が1秒でなくてはならないのです。クォーツ時計はそのような意味で、標準に求められる性質を満たしていないといえました。

そのため変わらない（はずの）地球の公転を「1秒」の基準としたわけですが、公転の時代はわずか11年で終わってしまいます。代わって1967年に1秒の基準となったのは「原子時計」でした。

時計を構成する要素

1967年から現在に至るまで、半世紀にわたって1秒の基準となっている原子時計は、私自身の研究対象でもあります。とはいえ現在の1秒の基準となっているのは「セシウム原子時計」であり、私が研究しているのはそれ以上の精度を出せる可能性がある「イッテルビウム光格子時計」です。

まず、原子時計について理解していただくための準備をしていきましょう。

時計は、何かが変化することで時間が経過したことを知る道具です。どのぐらい時間が経ったかを定量化して計測するには、計測に利用できる現象があるということです。そのような観点から、時計は「崩壊現象」を利用するものと「周期現象」を利用するものの2タイプに分けることができます。

崩壊現象というのは何かが時間の経過とともになくなっていくことで、この現象を利用した時計としては、水時計や砂時計、線香時計があります。そのなくなり方から、時の経過を知ることができるものです。

周期現象を利用した時計には、日時計、振り子時計、クォーツ時計などがあります。その名の通り、一定の周期を持つものを用い、その周期を数えることで時を測る時計です。このタイプはさらに次の三つに分類できます。

1．自由回転運動

これは地球の自転のように、何も抵抗がない真空のようなところで自身で勝手に回っているものです。そこに摩擦がなければ運動エネルギーが失われることなく、ずっと同じスピードで回り続けるので、それが何回回ったかを数えることで時計になります。

2．ケプラー運動

これは地球の公転やハンマー投げのようなもので、地球が太陽のまわりを回るように、何かのまわりをぐるぐる回る運動です。これも摩擦がなくてエネルギーを保存できる限り、同じ周期で回転するので、回転した回数を測ることで時計となります。

3．調和振動（単振動）

振り子の振動やバネのように、一定の周期でブルブル振動するものです。クォーツ時計も原子時計もここに含まれます。何回振動したかを数えることで時計になります。

ここに挙げた時計は、いずれも「振動子」「カウンター」「基準」という三つの要素を持っています。

「振動子」とは振り子時計でいえば振り子に当たる、一定の周期で振動するもののことです。振り子に限らず、一定の周期で振動するものであれば何でも振動子になります。

「カウンター」は振動子が何回振動したかを数える計測器のこと。振り子が振れているだけでは単なるメトロノームのようなもので、まだ時計とはいえません。それをカウンターで数えることにより、初めて時計になります。

そして「基準」は、時々狂う可能性のある振動やカウンターを修正するために必要なものです。地球の自転が基準だった時代には、太陽が真上にきたら時計の針を12時に直していました。正しい時間を測るためには、ズレが生じたときに修正するための基準がなくてはなりません。17世紀の振り子時計であっても21世紀の原子時計であっても、この三つの要素から成り立っているという点には変わりはありません。

振動の速さ=周波数

振動の速さは周波数という量で表されます。周波数とは1秒間に振動する回数のことで、単位はヘルツ（Hz）です。1秒間に1回振動すれば1ヘルツ、10回振動すれば10ヘルツです。一定の振動を持つ振り子が振れる回数をカウントすると時間が測れるように、周波数を数えることでも時間が測れます。このとき、振動速度が速く周波数が細かいものほど、時間を正確に測れるということです。時間を分単位で把握するより秒単位で測るほうが精度が高いのと似たようなことですね。時計の進化の歴史は、一定の時間内をより細かく分割してきた歴史だということができます。

さて、いよいよ原子時計です。現在の時間はセシウム原子の周波数を基準としていますが、実は原子はそれぞれ固有の周波数を持っています。より正確にいえば、原子はある周波数の光（電磁波）を吸収したり放射したりする性質を持っており、その周波数は原子ごとに決まっているということです。ちなみに、セシウムが持つ周波数は約92億（9,192,631,770）ヘルツ。これは1秒に92億回振動するということです。そして次世代の原子時計として期待されるイッテルビウムは桁が違って約５１８兆（518,295,836,590,863.1）ヘルツで、1秒に５１８兆回振動します。原子時計というのは、この回数を正確に読み取ることによって時間を測る時計です。

音波も電波も光も周波数が異なるだけで、どれも電磁波です。そのうち、目に見える範囲の光（可視光）は、波長の違いによって色の違いとして私たちの目に映ります。可視光の波長は４００～８００ナノメートル程度で、波長が４００ナノメートルほどの光は紫に見え、波長が長くなるに従って、青、緑、黄、オレンジ、赤となります。赤より波長の長い光は赤外線、さらに先は遠赤外線と呼ばれます。逆に紫よりも波長の短いものが紫外線です。赤外線も紫外線も、目に見える範囲ではありません。

原子時計の誕生

原子時計という考え方自体は新しいものではなく、１８７９年のケルビン卿による「原子遷移に基づく時間計測の提案」に遡ります。より具体的な、現在の時間の定義となっているセシウム原子に基づく時計のアイディアは、１９４５年のアメリカで誕生しました。１９４９年にはアメリカの物理学者ハロルド・ライオンズが、周波数を基準として時間測定をするアンモニア時計を発明。これは実際には分子を用いているのですが、インパクトの強さを求めたためか「原子時計」と名づけられています。

そして1955年、イギリス国立物理学研究所のルイ・エッセンらがセシウム原子時計を開発しました。セシウム固有の周波数は9・19ギガヘルツです。この周波数でセシウム原子が振動する波のピークをマイクロ波のカウンターが計数し、91億9000万回になったら次の1秒に進むというしくみです。セシウム原子時計は、開発されてからわずか12年後に1秒の定義に採択されるに至りました。

天体を基準としていた時代には、1日という大きな周期を時、分、秒と順に細かく分割していくかたちで秒を割り出していました。しかし、長さや質量の単位であるとき発想が逆転したように、時間についてもここで考え方が逆になり、微細な量を積み上げることによって「1秒」をつくるようになりました。

原子時計に使われる原子の候補としてほかにルビジウムなどもありましたが、なぜセシウムが選ばれたのでしょうか。第4章で、質量の基準にシリコン原子を使おうということになったとき、異なる同位体をより分けるのに苦労していたことを覚えていますか？ あくまで私の推論ですが、天然の状態ではセシウムには「セシウム133」しか存在しないことが大きかったと思います（原発事故で知られるようになった「セシウム137」は自然界には存在しません）。

同じ原子でも同位体が異なると原子核の質量が異なるので、振動数も微妙に異なってきます。レーザーが発明されるまでは異なる同位体を選り分けることは技術的に容易ではなく、異なる同位体が混在する原子を用いると正確な周波数を計測することが難しかったのです。

また、セシウムは放射性ではない原子としては、原子の中で一番重いということもあったでしょう。質量が重いと動きも遅いので、当時の技術でもセシウムは扱いやすく、研究が進んでいた原子の一つでした。すでにその性質がよく調べられていたことも、選ばれた理由の一つだと考えられます。

そして1967年、第13回国際度量衡委員会において、セシウム原子時計が1秒を決める基準に用いられることになったわけです。定義は「二つの基底状態セシウム133超微細準位間の遷移に対応する放射周期の91億9263万1770倍に等しい時間」。

その後、1997年に「0Kにおける静止したセシウム原子の時計」という補則が加わりました（図5－4参照）。2017年現在もこれが1秒の定義となっています。

三　新たな時間の定義をめざして

著しい精度の向上

さて、ここまで読んできてくださったみなさんには、これよりさらに高精度な原子時計をつくるためには、より高い周波数を持つ原子を使えばよいと想像がつくのではないでしょうか。さきほど書いたようにイッテルビウム原子の振動数は1秒に518兆回であり、92億回のセシウム原子とは桁が違います。現在まさに、世界各国の研究者たちはより高い周波数の原子を用いた時計の開発を進めています。方式もマイクロ波を計測に用いたものから、より周波数の高い光を用いたものへと進化し、光を用いるものでも、たった一つの原子の周波数を計測する「単一イオン時計」から、レーザー光線の干渉縞を利用して原子を1個ずつ格納する卵パックのような格子状の容器をつくり、そこに1個ずつの原子を100万個ほどとらえて周波数を計測する「光格子時計」へと進化しています。原子一つよりも大量にあるほうが信号が強く出るため、光格子時計が開発されてからより高精度な計測ができるようになりました。

光格子時計の計測装置を図5-5に示しました。写真を見ただけでは「これが時計?」と思われるような、とても複雑な装置です。装置を構成しているのは、超高真空槽、原子冷却・捕獲用レーザー装置、光コムシステムなどで、実験室いっぱいに広がっています。さまざまな方向からレーザーを照射したり反射させたりして、イッテルビウム原子を格納する格子状の干渉縞(光格子)をつくります。この光格子のでき方や原子の装塡状況は実験室の環境などによって大きく左右されるので、安定した光格子時計の運転のためには日々装置の微調整が必要となりますが、これこそが光格子時計研究の醍醐味ともいえます。細かな原理は拙著『1秒って誰が決めるの?』をご覧いただくとして、このような装置が高精度な1秒の計測を支えているの

図 5-5　光格子時計の計測装置

です。

　そのようなより高精度の時計を開発したその先に見えてくるのは、そう、1秒の再定義です。その時計が安定的に高精度で時を刻むことができると認められれば、いよいよ1967年から1秒の標準となっているセシウム原子時計には退いてもらい、新しい時計による、新しい秒の定義の時代に入るわけです。

　実は国際度量衡委員会をはじめ、時間計測の研究者たちのあいだでは10年以上前から「10年後ぐらいには秒の定義は変わるだろう」と言われてきました。そして10年経った現在も、やはり「10年後には変えられるだろう」と考えられており、具体的に2018年時点では2026年ごろに再定義があると見込まれています。

そのように先延ばしになっているのは研究がうまく進んでいないからではなく、むしろ次々と成果が上がってきているからです。技術が著しく成長している渦中では、定義を改定してもすぐにより高精度な成果が出てきて、現実と定義のあいだに齟齬《そご》が生じてしまうでしょう。現在の技術で行けるところまで行き、この技術ではこれ以上はなかなか先に進めないという段階に達したところが定義の〝変え時〟なのです。この先まだ数年は、この分野の進化は続くと考えられているため「10年後くらいかな?」ということになっていますが、10年以内に再定義されることはほぼ確実なところまできています。

もちろん10年後にいきなり高精度の時計が現れるわけではなく、新しい定義に用いられる時計は、現在、各国で開発が進められている時計のうちのどれかということになります。産総研のイッテルビウム光格子時計は2012年、国際度量衡局で開催された「メートル条約関連会議」で、新しい秒の定義の「候補」に採択されました。同様に新たな秒の定義の候補に挙がっている時計は世界で9種類あり、そのすべてが原子時計です。それぞれの国、それぞれの研究者が競い合って性能を向上させ、最終的にもっとも精度が高いと認められたものが新たな秒の定義となります。

もう一つ、再定義に時間をかける理由があります。それは、技術の過渡期にはいろいろなことが起こり、新しい技術ができてよりよい数字が出せる可能性が出てきたからといって、技術が成熟してくるまではそれほど安定しないことが多いからです。プランク定数の値が安定してくるまでに20～30年かかっているように、原子時計についても技術が成熟するまでには時間がかかり、ニューカマーであるストロンチウムも、ようやくセシウムで計測した時間と1対1で対応をつけられるまでになったところです。国際度量衡委員会はそのように、よい技術が出てきたからといってすぐに新しいものに切り替えず、各国の研究成果を見ながら標準を制御しています。

現在はストロンチウムをはじめ、世界各国でいくつかの原子時計の研究開発が並行して進められています。これまでは新しい定義が決定すると、それ以外の方式を基準として用いることはできませんでしたが、今回については定義が改定されても採択されなかった他の方式の時計の存在意義も残されると考えられています。すなわち、新定義との関係がきちんと定義できれば、他の方式の原子時計もそれぞれの国や機関で時系を維持するツールとして使ってよいという運用ルールができると考えられているのです。

その理由は、まず、次の秒を定義するのに本当によい原子は何かということが、今現在で確実にわかっているとはいいがたいからです。古生代のカンブリア紀に奇妙な姿の生き物たちが爆発的に現れては生存に適したものが生き残り、そうでないものは淘汰されていったように、現在は各国でさまざまな時計をつくっては、それが本当によい時計であるのかを確かめている段階です。比較検討するためにも何か一つに絞り切ることなく、別の進化の道筋も残しておこうという考え方です。

また、各国はこの30年ほど、〝これぞ〟という時計を開発するために多額の投資を行ってきました。もし再定義をした結果、他の原子時計での時間計測が認められなくなれば、この30年で各国が費やした時間もお金もすべてが無駄になり、研究者たちのモチベーションは急速に低下するでしょう。しかし、それ以外の時計も許容できれば技術の多様性は保持できます。実際にどうなるかはわかりませんが、私自身は多様性も研究者のモチベーションも保持しておいたほうがよいと考えています。

残された課題

秒の再定義のときが近づいているとはいえ、課題はまだまだ残っています。私たちが提案している光格子時計は18桁の精度を出していますが、その精度を他の時計と比較して確認することが難しいのです。

理屈としては、GPS（全地球測位システム）の人工衛星を使い、電波で欧米と日本の18桁の精度の時計をつなぐ方法で比較できます。しかし、現在のセシウム原子時計の精度が15桁程度なので、現在の時計に依存している人工衛星を用いる方法は適当ではありません。

他国ですでに実現しているのは、光ファイバーで同程度の精度の時計と時計をつなぎ、そこから出てくる光を直接相手に送って比較する方法です。これはヨーロッパで盛んに行われている方法で、イギリス、フランス、ドイツ、イタリア、フィンランドなど、各国がこのプロジェクトに取り組んでいます。ヨーロッパは陸続きなので、このように直接時計どうしをつなぎやすい利点があります。イギリス、フランス間でもユーロトンネルに光ファイバーを通しており、実験が行いやすい環境を整備しています。その点、日本やアメリカは精度の高い時計を持つ他の国々と地理的に離れているので、比較実験は簡単にできません。単位の国際ルールづくりに関してヨーロッパが強いのは、地理的に各国が協力しやすいところもあるのでしょう。

また、ドイツとイタリアは持ち運べる原子時計を用いて、平地とアルプス山脈といった高度の異なる場所での時間の進み方などの比較実験を行っています。日本も高精度な時計を開発しているからにはこの分野に貢献したいということで、時計の開発を進めると同時に、精度を比較する方法自体の研究にも取り組んでいます。

時計の開発は「時系」の維持のため

私が光格子時計の研究者であることもあり、ここまで高精度の時計を開発する意義を説明してきました。しかし実は、時間にとってもっとも大切なのは時計そのものではありません。高精度な時計を平均することでつくる時系、すなわち「タイムシステム」が世界にとっては何よりも大切なのです。

時間標準を決めるしくみは非常に複雑で、「国際原子時」とか「協定世界時」といった、それぞれ異なる手続きで計測され、異なる組織が管理している複数の時間と、それぞれの計測システムで維持されています。守るべきは24時間365日止まらずに動き続けているその「時系」です。すべての時計はそのために存在しており、また、時計は一つずつ個別に存在しているだけでは普遍的な価値にはつながらないということです。時計が正確に動いている限りは、持ち主にとってその時計は価値のあるものですが、それはズレるかもしれないし、壊れるかもしれません。そうなると正確な時間がわからなくなります。では、正確な時間を知るときには何に頼るのかというと、それが「時系」です。

昔なら暦がその役目を果たしていました。天気が悪くて天体観測ができない日があったとしても、太陽や月自体は止まらずに動いています。ある地域では曇っていても、晴れている地域では天体は観測でき、世界で協力し合うことで時の情報を途切らせることなくつないでいけます。この、止まらずに動き続けていなければならない、途切れずに観測し続けられなくてはならないという点が、時間の標準と他の量の標準とが大きく異なる点といえるでしょう。

秒の定義の基準を天文現象から原子時計に変更する際、もっとも不安視されたのはその点でした。天文学者たちは、原子時計の精度が天体観測より上であることは認めながらも、そのような特殊な装置は世界中のどこにでもあるわけではなく、それが壊れた場合はどうするのかと懸念しました。その点においては天文学に基いた基準のほうが安心ではないか、と。

それはごもっともな主張です。しかし、今は原子時計も、原子時計並みに正確に時間計測ができる水素メーザという装置も世界中にたくさん存在しており、原子時計でも時系が途切れる

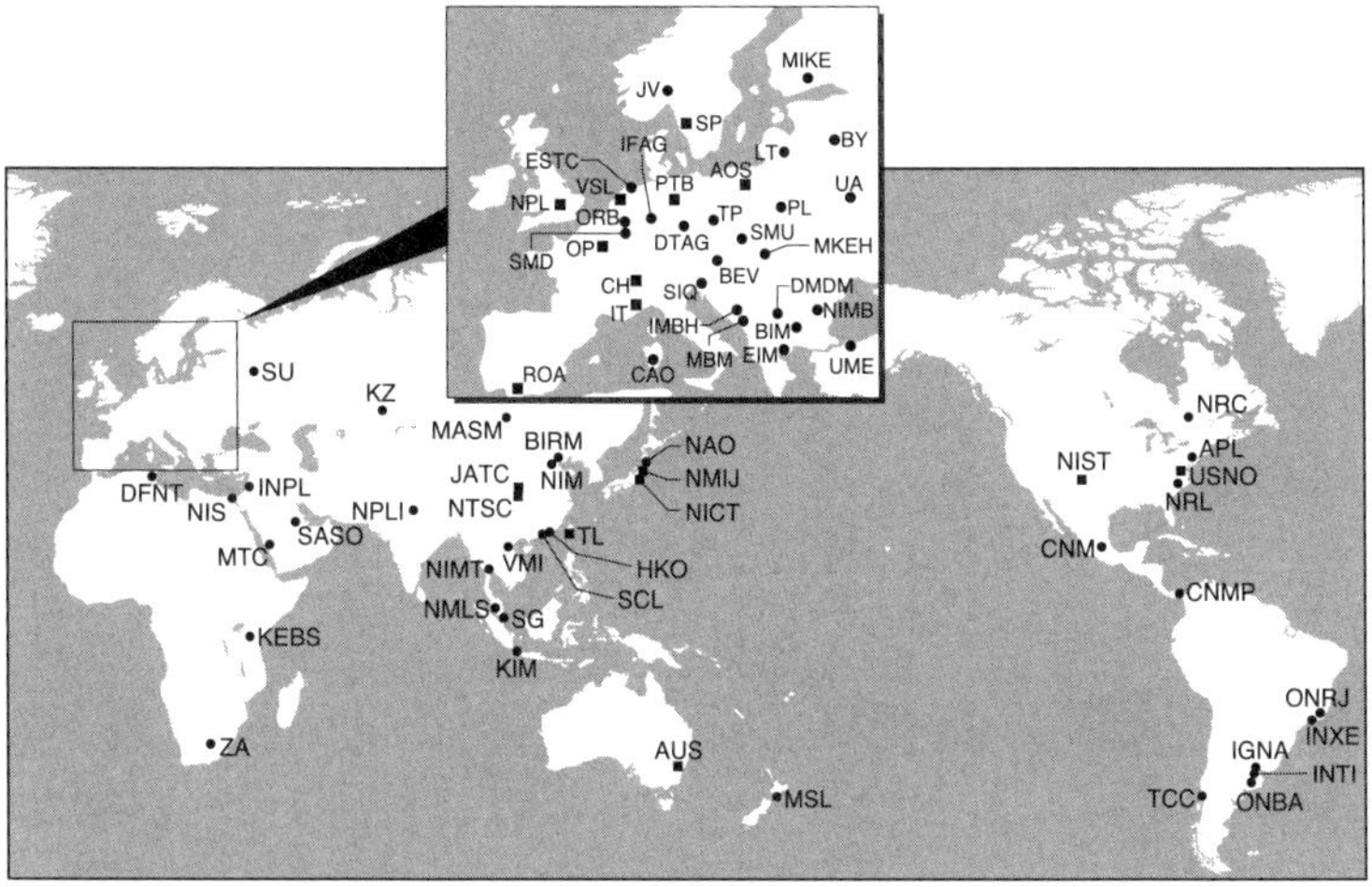

■ 衛星双方向時刻比較法および全球測位衛星システム時刻比較法

● 全球測位衛星システム時刻比較法

図5-6　時系の維持に貢献しているおもな機関の所在地　2016年4月時点。BIPMの資料より作成。

心配はなくなりました。世界のどこかで災害が起こって一つの原子時計が止まったとしても、別の国々にある原子時計は無事に動いており、それらによって時系は維持されます。世界各国で計測される時間のデータは刻々とフランスの国際度量衡局に送られ、平均値などを出しながら、国際原子時（TAI）として1秒ずつ積み重ねられていきます（図5-6）。

つまり、現在の時系をつくっているのは世界のどこかにある素晴らしく優れた一つの時計ではなく、世界中の計量標準機関が持つ時計（78機関450台以上）の集合体です。世界中が協力し合う体制ができていることで、時系は途切れることがありません。決して止まることのない誤差ゼロの時計が理想の時計なのかもしれませんが、世の中にそんな理想を実現する時計はどこにもありません。しかし、世界中の数多くの時計の集合体により、その理想にもっとも近い、人間のできるベストな時計をつくっている。それが時系＝ＴＡＩということです。

ちなみに、図５－６からもわかるように、先進国ばかりではなく、途上国も時系の維持に貢献しています。あまり精度が高くない時計にもシステムに参加してもらい、国際的に協力し合っていくことで安全を保っていくというのが基本的な考え方です。

世界の78機関４５０台以上の周波数標準器で測られた時間が一つのＴＡＩとなるまでにも、いくつもの段階があります。まず、各機関の標準器が計測した時計のデータを自分たちでＧＰＳなどと比較して誤差を確認し、必要に応じて修正します。そのデータを国際度量衡局に送るのですが、国際度量衡局ではそれぞれの標準器の精度を把握しており、精度に応じてすべてに重みづけがなされます。つまり、標準器は対等には扱われないということです。それによって得られた時間のデータがより高精度な一次周波数標準器でチェックされ、修正されてＴＡＩとなります。

ちなみに一次周波数標準器は世界に数台しかなく、そのうちの1台が産総研にあるセシウム原子時計です。重みの大小には国力の差も現れます。現在強いのはアメリカ、ヨーロッパですが、日本もそうとう頑張っているほうです。アジアでは中国が追い上げてきています。

国力に差はあっても国際協力して一つの理想を求めていくというのは、もともとのメートル法の理念でもあるのですが、もう一つ、現実的な理由も含まれています。というのも、先進国がいつまでも先進国であるとは限りませんし、遅れていると思われていた国があるとき急成長することもあるからです。その時々の世界の状況を総合的にすくい上げて、最善をめざしていこうということです。

【コラム⑥】

世界には三つの時間がある――天文時・原子時・協定時

ここで時間標準を決めるしくみと、そのベースになる3種類の時間について説明しておきます。

国際社会には「世界時（UT1）」と前出のTAIという二つの時間があります。UT1というのは地球回転の観測で決められる天文学的な時間、TAIというのは国際度量衡局が定義する「1秒」を積み重ねてできる時間です。この二つの時間は正確に一致しているわけではないので、徐々にズレが生じてきます。このズレを解消するために、数年に1度「うるう年」ならぬ「うるう秒」が挿入され、通常より1秒長い1日ができるわけです。

人類は長く天文時を時間の標準としてきましたが、この章で示したように、精度の高いショート時計が発明されたことで、地球の自転速度は決して一定ではないことが明らかになってしまいました。不規則なものを時間標準としているわけにはいかないので、1967年に1秒の定義がセシウム原子に基づいたものに変更されたことも、すでに見てきたとおりです。

セシウム原子時計（周波数標準器）の不確かさは1〜5×10^{-15}と、数十万年に1秒誤差が生じるかどうかというほどの高精度です。ここまでズレないTAIと、天文に基づいた不安定なUT1がぴったりと一致していないのは当然のことですが、同時に、二つの時間のズレが大きくなりすぎてもいけないというのも感覚的にわかると思います。そこで二つの時間のズレが大きくなった場合にはうるう秒を入れたり抜いたりして、ズレが0・9秒以内に収まるようにしています。

ここでいよいよ、第三の時間「国際協定時（UTC）」の登場です。そのようにうるう秒で調整された時間はUTCと呼ばれます。これが電波時計やパソコンの時間を合わせる基準となるもので、日常生活に直接的にかかわっている、私たちにとってもっとも身近な時間です。

この本で追っているのはTAIですが、この時間は先にも述べたように最高精度の時計1台で測っているわけではありません。周波数を正確に計測することはとても難しく、1台の時計で測ればオーケーというわけにはいかないのです。TAIを決めるために、日本では産総研の計量標準総合センター（NMIJ）のほか国立天文台（NAO）、情報通信研究機構（NICT）が参加し、国際的な1秒をつくることに協力しています。

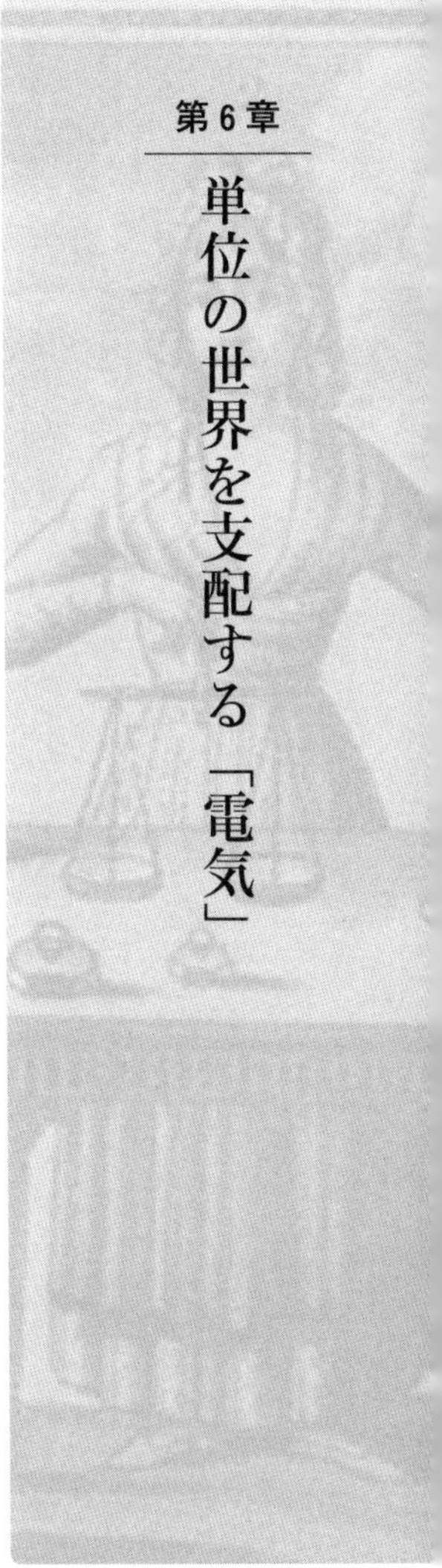

第6章
単位の世界を支配する「電気」

一　現代社会に不可欠の電気

長さや質量という量を測る行為は、人間の歴史とともにあったといっても過言ではありません。それに対して電気は、自然界にはずっと存在していたものの、19世紀に入って初めて人間がコントロールできるようになり、量として把握できるようになった、ごく新しい量であり単位です。しかし、電気は単位の世界のニューカマーであるにもかかわらず急激に進化を遂げ、2018年に基礎物理定数を用いた定義に改定されれば、長さ標準に並んで単位として〝上がり〟に達することになります。

そして長く単位の世界の王者であった質量標準は、同じタイミングで電気に紐づけられた定義に書き換えられることになります。ニューカマーが長年の王者を追い落とす。2018年のSI単位の定義の改定は、そのような構図がはっきり見えるものとなります。

電気の世界の精度を上げることに貢献したのは、ジョセフソン効果や量子ホール効果といった量子力学的な〝効果〟の発見です。これらは電気の世界の最新の到達地点です。ここに至るまでに、まずは人間がどのように電気を測ってきたかを見ていきます。

「どのように測ってきたか」と書きましたが、電気を測ろうというモチベーションが生まれるには、それ以前に電気をよりよく使いたいというモチベーションが存在していなくてはなりません。人間が電気を使えるようになるまでのことも含めて、人間と電気の関係を追ってみましょう。

19世紀、電気の時代の幕が開いた

電気自体はもともと自然界に存在しています。雷は太古から鳴っていましたし、静電気だって発生していました。古代ギリシャには琥珀をこすると静電気でホコリがくっつくことも、17世紀には静電気が火花を散らすことも知られていました。電子は英語でelectron（エレクトロン）、電気はelectricity（エレクトリシティ）といいますが、これらの語源となったのは、まさにその「琥珀」でした。琥珀はギリシャ語でἤλεκτρον（エレクトロン）といいます。電気の認識は静電気から始まったといえるでしょう。

ただ、人類は昔から雷を知ってはいても、その正体が電気であるとは18世紀になるまで知りませんでしたし、その物理量を測れるということなど19世紀になるまで考えてもいませんでした。それ以前の人々にとって、電気はとらえどころのない謎めいたもの、量があるかどうか考えたことのないものだったと思います。

電気の存在が神秘のヴェールを脱ぎ始めたのは18世紀です。18世紀には静電誘導の実験や、ライデン瓶に静電気を貯める実験も行われていました。1752年にはアメリカのベンジャミン・フランクリンが凧揚げ実験を行って雷が電気であることを証明し、1770~80年代にかけてはイタリアの医師ルイージ・ガルヴァーニがカエルを使った実験を行い、カエルの足の筋肉に2種類の金属を接触させて電気を通すと筋肉がピクピク動くことを発見しました。生きたカエルだけではなく解剖したカエルの足も通電すると動くことから、ガルヴァーニはカエル（動物）の筋肉自体が電気の発生源であるという説を唱えるに至ります。

この説はその後、やはりイタリアの物理学者アレッサンドロ・ボルタに否定されます（ボルタは電圧の単位「ボルト（V）」の名の由来になった科学者です）。カエル自体が電気の発生源だというガルヴァーニの説に対し、ボルタは反証の可能性を試すため、食塩水に浸した紙を2種類の金属で挟んで電気を通す実験を行いました。その結果、紙でも電気は流れ、電気を発生させるものは動物の筋肉ではないことが明らかになったのです。

この実験から得られた成果をもとに、ボルタは1800年に電池という画期的な電源を発明

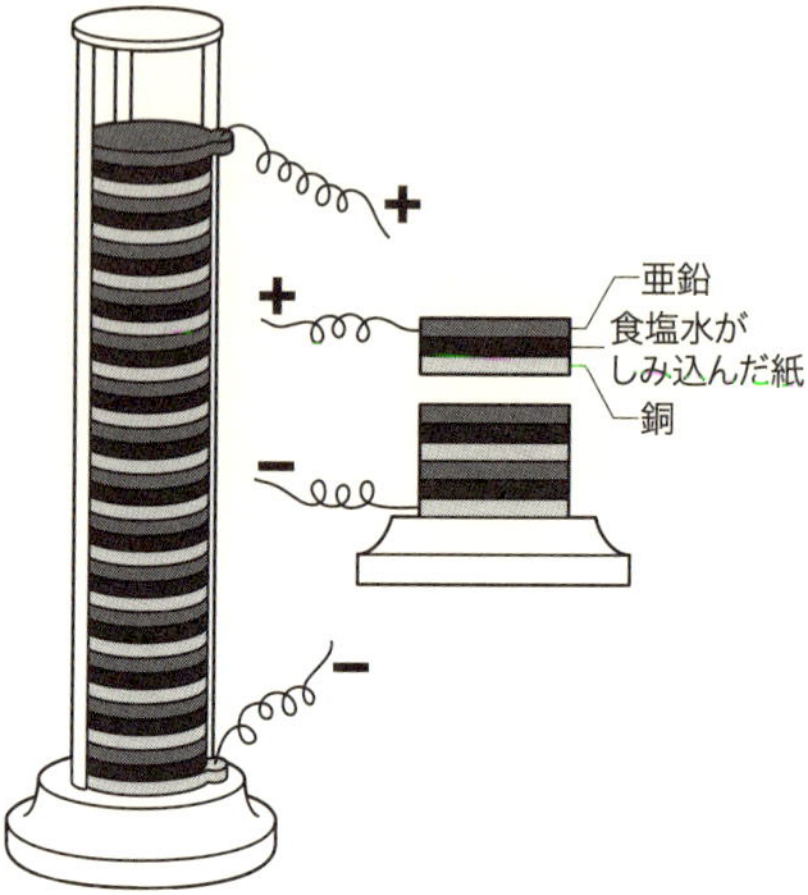

図 6-1　ボルタ電池のしくみ

します。これが「ボルタ電池（電堆）」といわれるものです。ボルタ電池は2種類の金属板（銅板と亜鉛板）を何枚も交互に重ね、そのあいだに食塩水を含ませた布を挟んだ一次電池（直流の放電だけできる電池）です（図6－1）。

　それまでの電気といえば、静電気がバチバチッとしたり、雷がピカッと光りバリバリと落ちたりするように、瞬間的に放電されて終わるものでした。電圧1・1ボルトのボルタ電池の登場によって、人間は初めていつでも好きなときに電気を取り出すことができるようになったのです。19世紀の幕開けと同時に、電気の時代の幕も開きました。

　1820年にはデンマークの物理学者ハンス・クリスティアン・エルステッドによって、電流を流すと磁場ができることが発見されました。磁場の強さの単位は「Oe」という記号で表されますが、これは「エルステッド」と読み、もちろん発見者エルステッドの名前にちなんでいます。なお、エルステッドはSI単位系には含まれていません。

　エルステッドが電流の磁気作用に気がついたのは、何気なく電池のスイッチをオンにしたりオフにしたりしていたときのことだったといいます。電池をオンにしたとき、近くに置いてあった方位磁針の針が動いたことを彼は見逃しませんでした。その後実験を繰り返し、電流の流れる導線の周囲には円形の磁場が形成されることを突き止めました。それまで電気と磁気はそれぞれ無関係に存在すると考えられていましたが、関係していることが明らかになったのです。

その後、これがイギリスのマイケル・ファラデーによる「電磁誘導の法則」(電磁誘導において、一つの回路に生じる誘導起電力の大きさはその回路を貫く磁界の変化の割合に比例するという法則）の発見につながっていきます。

このように18世紀から19世紀にかけては電気に関する重要な発見が立て続けになされ、それがまた次の新しい発見を導き出すことにもなって、電気分野の科学技術が大きく発展していきました。

電気に関する数々の発見は、照明やモールス信号に始まる通信技術、さらには電気を駆動力として用いるモーターなど、電気を応用する技術の発明につながっていきます。少し前まで謎めいた存在だった電気は、人間社会にとても役に立つことがわかってきたわけです。通信技術ができ、照明ができると、次に出てくるのが「よりスムーズに、より速く伝わる通信技術を発明したい」「より明るい照明をつくりたい」といったニーズです。みなさんはもう、そういったニーズがその分野の計測技術を進展させ、高精度の基準を生み出すことにつながると知っていますね。社会や産業界のニーズの出現が電気の量を測るという発想を生み、その技術を進展させ、電気量に関する単位を生み出すことにつながっていきました。

通信技術の歴史

電気を用いた応用技術としてもっとも先行し、ニーズも大きかったのが電気通信に関するものでした。通信技術は人間の歴史に非常に重要な役割を果たすものです。簡単にその歴史を振り返ってみましょう。

手紙のように時間をかけることなく瞬時に情報を伝え、遠方にいる人とその情報を共有するための通信方法としては、まず、狼煙《のろし》があります。「敵が迫ってきたのを知らせる」「攻撃のタイミングを知らせる」など、あらかじめ狼煙を上げる条件を決めておき、そのような状況になったら草や動物のフンなどを燃やして煙を上げ、遠方にいる味方などに合図を送るものです。戦国時代などによく使われていましたが、煙を上げるだけなのでそこにはシンプルな情報しか含めませんし、そもそも悪天候の場合や夜間にはよく機能しないという問題がありました。

もっと複雑な情報を伝達できるものとして、手旗信号があります。手旗信号は赤と白の手旗を持った両腕を動かし、その形状で符号（それぞれの形態に文字などが当てはめてある）を遠方に伝えるものです。望遠鏡や双眼鏡を使って読み取れる範囲において有効なもので、今ではボーイスカウトで習うものという印象があるかもしれませんが、もともとはおもに海上の船舶との交信に使われていました。

手旗信号と似た考え方のものに腕木通信があります（図6－2）。18世紀から19世紀にかけてのフランスでは、数メートルの木の棒を組み合わせた腕木を用いて遠隔地と通信する、最大規模のときには1万4000キロメートルにも及んだという巨大なネットワークをフランス全土に張り巡らせていました。信号ステーションともいうべき腕木通信塔を多数設置し、何か起こると、腕木の形をあらかじめ決められた符号に従って変えてメッセージを送り、それを次の通信塔の人が望遠鏡で見て、その次の基地局に送っていく。そうやって読み取った情報をどんどん先に送っていくシステムです。これはよく機能し、最盛期には8分でフランスを縦断して情報伝達できるほどの高速通信が可能だったそうです（通信速度は1分80キロメートル以上だったともいわれます）。

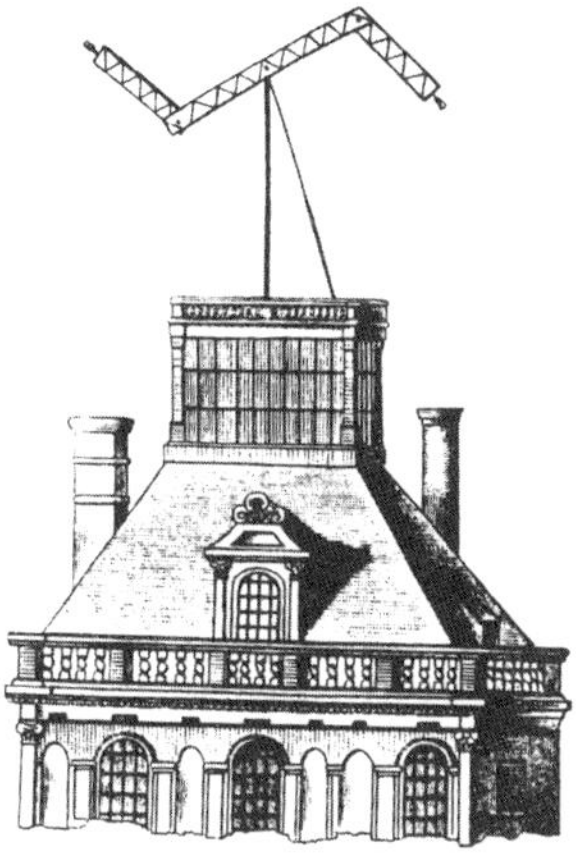

図6-2　腕木通信機　Wikipedia より。

このような精密かつ高速に情報が送れた通信方法は、戦争や商売の取引などに有効に働きました。フランスのこの成功を見てヨーロッパ各国も同様の通信方法を発達させていきました。

とはいえ、この通信方法は外から丸見えなので、符号を知っている人なら腕木の動きから情報を簡単に盗むことができます。ここでやりとりされる情報を盗んで市場の取引に利用したり、いち早く新聞で伝えたりした、いわばハッカーのような人が当時から存在していました。また、手旗信号も腕木通信も望遠鏡などで見て符号を確認する方法なので、悪天候の際には利用できないという問題もありました。

電気通信の始まり

腕木通信や、その類似形の通信方法が盛んになっていた19世紀初頭ですが、先進諸国では鉄道の整備も進み、鉄道がもっとも速い通信手段となりつつありました。人や情報を高速の鉄道に乗せて、それらを直接遠隔地に運ぶ方法です。

一方、科学者たちは科学者たちで、黎明《れいめい》期にあった電気の研究を進めていました。電線の一方の端に電池を触れさせると、その瞬間、もう一方の端がビリっとする。長い電線を用いても、電気は端から端まで一瞬で伝わっていく。そのようなことに気づいたイギリスの物理学者チャールズ・ホイートストン（電気抵抗の測定器「ホイートストンブリッジ」の名の由来になった人）は、1834年、世界で初めて電線中の電流の速度の測定を行い、このように高速な電気というものを通信に用いれば、非常に速く遠隔地との通信が可能になると考えました。ホイートストンは電気技術者ウィリアム・クックとともに電信機の開発に取り組み、1837年に「5針式電信機」を発明します。5本の電線と5本の針を用いてアルファベットを読み取ることの電信機が、世界で初めて商業化された電信機です（図6－3）。

同じく1837年、アメリカの発明家サミュエル・モールスはモールス符号式の電信機を発明します。これは電気信号のオン／オフの長さ（トン・ツー）でアルファベットの各文字を表し、その信号を送信機から発信し、受信機で受け取ることでメッセージの伝達を行う方法です。オン／オフの信号で情報を伝えるモールス信号は、世界的なデジタル通信網としては世界で最初期のものといえます。この世界ではデジタル通信のほうがアナログ通信（電話）より先に登場していたのです。

狼煙や手旗信号などと異なり、電信機は電線を張っておきさえすれば、どんな天候のときでも瞬時にくわしい情報を伝えることができる便利なものでした。とくに電線が5本必要だったホイートストンとクックの電信機に対し、1本の電線で済むモールス式電信機は敷設コストも低く、社会に急速に普及していきます。それと入れ替わるようにして腕木通信は通信の世界から退場していきました。

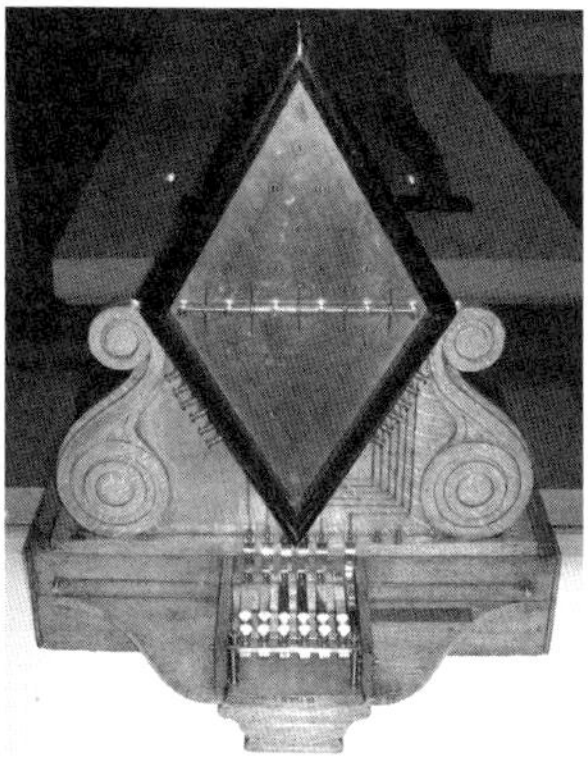

図 6-3　5 針式電信機　写真：Geni

21世紀に入ってインターネットが普及し、瞬時に世界各国の人とやりとりができるようになったことは、人間の時間感覚や空間意識を変えました。それと同じように電気通信は、これまで遠方の人とやりとりするために手紙や鉄道を用いていた19世紀の人々の時間感覚を大きく変えたことでしょう。

〝測る〟ニーズの誕生

もっと遠くの土地の情報を、今まで以上に迅速に手に入れたい。そのような人間のニーズは電信に関する技術を発展させ、1850年にはドーバー海峡をつないだ英仏間の海底通信も実現させました。これを実現させるには電気の技術だけではなく、海底にケーブルを敷設するための絶縁技術など、付帯するさまざまな技術の高度化が必要でしたが、このころにはそれらの要素技術がある程度はできていました。

電信のネットワークはさらにエジプトやインド方面までつながり、遠く離れた土地の情報がすぐにもたらされるようになりました。これは貿易や植民地経営などの経済面にも大きく貢献しました。

さて、ドーバー海峡が電信でつながったとなると、次に考えられたのはもちろん、大西洋の海底にもケーブルを敷設してアメリカとヨーロッパ間をつなごうではないか、ということです。しかし、これは簡単なことではありません。ドーバー海峡の距離はもっとも狭いところで約34キロメートル、それまで実現した最大の海底ケーブルも黒海での600キロメートル程度です。それに対して大西洋は3000キロメートル以上の距離があり、あいだに中継地点となるような場所もありません。そもそも海深もはっきりせず、電線が深海の水圧に耐えられるかどうかもわからない状況です。3000キロメートル以上の長さのケーブルを積んでいけるような大型船もなければ、それにかかる莫大な経費をどのように捻出するのかという現実的な問題もありました。誰もが無謀すぎる計画だと考えました。

この計画・事業については『「はかる」世界』（玉川大学出版会）にくわしく書かれているので、興味のある方はぜひお読みいただきたいと思いますが、この事業こそ電気の世界を〝測る〟ことにつながった大きな出来事なので、簡単に紹介しておきます。

この大西洋海底ケーブル敷設計画の実現を強く望んだのは、アメリカの大実業家サイラス・フィールドでした。実現が疑問視される中でフィールドは自ら、海洋学者をはじめとする専門家に海底の地形などの調査を依頼。敷設は可能だという確信を得て大西洋海底ケーブル事業を遂行するための会社を設立し、資金集めや英米両国政府との交渉に努力しました。

英米両国政府はこのプロジェクトのためにそれぞれ軍艦を提供。1857年には、国から提供された軍艦を改造した2隻の船が、半分ずつケーブルを積んでアイルランドから出航します。しかし500キロメートル程度敷設したところでケーブルが外れ、海に沈んで失敗してしまいました。翌1858年の2回目の挑戦の際には、2隻の船が大西洋の真ん中から陸地に向かって敷設していく方法がとられましたが、途中で激しい暴風雨に襲われてケーブルが傷んだほか、何度もケーブルが切断されたことなどにより、またもや失敗に終わりました。

3度目は同じく1858年にスタート。2隻の船は数時間ごとに電信で進捗を通信し合いなから進め、約1か月の工事の末、とうとうニューファンドランドとアイルランド間にケーブルを敷設することに成功しました。これでアメリカは情報鎖国状態を脱することができます。興奮と喜びに包まれる中、アメリカの人々はイギリス女王からの祝賀メッセージの到着を待ちました。

電信なのでメッセージはすぐに届くはずでした。しかし、きません。いくら待っても届きません。アメリカ側がイギリス女王からのメッセージを受け取ることができたのは、発信から16時間も経ってからのことでした。アメリカの大統領からの返礼メッセージも、イギリスに届いたのは10時間後。あまりに信号が弱く、受信側では途切れ途切れにしか信号を受け取ることができなかったためです。

信号がここまで弱くなった原因は、ケーブルの絶縁性能が劣化していたために海水の影響を受けて電流が漏れ、信号が減衰してしまったことにありました。絶縁性能が劣化していたところに、電気信号が弱くて届かない状況を打破しようとした通信技術者がいきなり高電圧をかけたことも追い打ちをかけ、1か月もすると電線は壊れてしまいました。あれだけ困難な大工事の末につながった、あれだけ巨額な費用を投入した通信網は、あっという間に使いものにならなくなってしまったのです。

1859年、原因究明のための調査委員会が設立されます。ホイートストンをはじめとする物理学者たちが委員を務めたこの委員会には、残されたケーブルの試験や関係者へのヒアリングを行い、海底ケーブルのために最適な素材を見いだそうという目的がありました。

調査の結果、失敗の原因がいくつか明らかになりました。そのうちの一つが電線の仕様の決め方に問題があった、ということでした。当時、電線をつくるときには電線の直径とおおよその重量が決められる程度で、性能自体は問われていませんでした。そもそもまだ電気的な性能自体がたいして明らかになっていない時代だったのです。陸上で電信する場合にはそれでもなんとかなっていましたが、海底の場合はさまざまな要因が複雑にかかわるため、電気について厳密に測定したうえで必要な性能を求めていかなければ、十分に機能できない。そのようなことがわかってきました。

そこでまず必要とされたのは、電気抵抗の基準をつくることでした。それまでの研究者は思い思いの素材で研究して、それぞれが独自に〝標準〟を決めていたのですが、独自に決めたのでは標準とはいえません。1861年、物理学者のウィリアム・トムソン（ケルビン卿）の提案により電気抵抗の標準化に向けた検討が始まり、その成果に基づいた技術開発が進められていきます。

その結果を踏まえ、1865年から66年にかけて第4回目の大西洋海底ケーブル敷設工事が行われ、今度は見事に成功します。これでようやく世界中が電信のネットワークで結ばれました。電信技術で世界中と瞬時に連絡を取りたい。他国の相場などをいち早く知り、経済的に優位に立ちたい。そのような人間のニーズが、電気抵抗の量を測る技術と、それを応用した技術を発展させたのです。電気抵抗の単位「オーム（Ω）」はSI単位系では「組立単位」の中に位置づけられています。

無線通信へ

通信の世界ではその後、グラハム・ベルが1877年に電話を発明。電話は符号ではなく、人間の生の声自体を運べる初めてのアナログ通信装置です。送信側から話した音声の波を振動板で受け、これを電磁石で電気信号に変換、受信側では逆に送られてきた電気信号を電磁石で振動に変換して、振動板から音声に戻して音波として出す。そのようなしくみを持つ電話の発明により、人は離れたところにいる人と直接言葉で会話ができるようになりました。

通信分野におけるその次の大きなトピックは無線通信でしょう。それまでの通信はすべて発信側と受信側をケーブルでつないで行うものでしたが、イタリアのグリエルモ・マルコーニは1897年に無線通信技術を発明、これにより船のような移動体とも通信ができるようになりました。

ちなみに、みなさんもよくご存じの豪華客船タイタニック号は当時の最先端をいく船で、無線設備も備えていました。無線通信士として乗船していたのはマルコーニの設立した会社の社員です。1912年の処女航海においてタイタニック号は大西洋で氷山にぶつかり沈没するわけですが、浸水が始まった船から外部に向かって、無線通信士は緊急信号「SOS」を発信します。近辺を航海中の船の中にはやはり無線通信機を備えた船があり、複数の船がタイタニック号からの「ＳＯＳ」の信号を受信して乗客の救助に向かいました。これにより多くの命が助かりました。

このようにマルコーニの発明後まもなく実用化されていた無線通信技術ですが、その技術の基盤となったのは、ドイツの物理学者ハインリヒ・ヘルツによる電磁波の研究でした。１８８８年、ヘルツはマクスウェルの電磁気理論を発展させ、発信機から電磁波を発生させると受信機側でも電磁波によってスパークが生じるという実験により、電磁波が空間を伝播《でんぱ》することを突き止めます。マルコーニはヘルツの見いだしたこの現象からヒントを得て、無線通信の可能性に着目、実現させたのです。無線技術は日本でもかなり進んでおり、日露戦争の際には無線技術が活用されました。

その後、光などを用いた新しい通信回線が生み出され、すでに実用化されているのは、改めて説明するまでもないでしょう。現在世の中に欠かすことのできないインターネットの通信網は、このような歴史をたどって発展してきたのです。

電灯の発明から、電流を測る技術の発明へ

電気の実用化は通信分野からスタートし、発展してきました。それに次いで実用化が進められたのが電灯でした。

図 6-4　エジソン電球　Wikipedia より。

19世紀後半、電気工学が急速に発展する中で、電気を光エネルギーに転換する技術も開発されます。その技術を応用して、1860年にイギリスのジョセフ・スワンが白熱電球を発明し、1880年ごろには実用化にこぎつけます。しかし、スワンの電球はわずか十数時間しかもたず、実際に使うには不便で不経済なものでした。これを改良したのがアメリカのトーマス・エジソンです。エジソンが1881年に1300時間ももつ白熱電球を発明したことによって、いよいよ本格的な電灯の実用化が始まりました(図6－4)。

第4章で書いたように、ドイツの標準研究所が最初に手掛けたのは、そういった電灯の「明るさ」の標準でした。夜を昼に変える魔法のような最先端技術をいち早くコントロールできるようにすることで、イギリス、アメリカという電気工業の先進国に追いつこうとしたのでしょう。

エジソンは早くも1882年にはロンドンとニューヨークに発電所をつくり、地中に送電線を通して各家庭に電気を送る、地域の照明システムを構築しました。それまで街を照らしていたガス灯の光に比べて白熱灯はずっと明るく光らせることができますが、ガス灯に商業的に対抗するため、エジソンはあえてガス灯と同じ明るさに抑えて送電していたようです。

家庭で電灯を使い、電力会社に電気代を支払うには、それぞれが消費した電気量を正確に測る必要が出てきます。このとき使われたのは「ケミカルメーター」という電気を重量に換算する計測機器でした。

ケミカルメーターはガラスでできており、容器に満たされた硫酸亜鉛溶液には2枚の亜鉛板が浸されています。各家庭に送られる電流はこの容器を通過するわけですが、通過の際に1枚の亜鉛板を通り、その亜鉛板からは亜鉛が溶け出し、もう1枚の亜鉛板に付着します。つまり、使った電力量に比例して亜鉛電極は分解されるので、亜鉛電極の重さの変化から消費電力を割り出せる、というしくみです。この時代から電気量の計測は質量と結びつけられていたわけですね。とはいえ、このように消費電力量は計測していたものの、実際は発電所にはまだ電圧や電流を正確に測定する装置はほとんどない状態だったといいます。

なお、現在、各家庭に送られる電気は交流電流ですが、エジソンが用いたのは直流の電流でした。その後、ジョージ・ウェスティングハウスという技術者の提案した、送電ロスが少ない交流電流が発電所から供給されるようになりました。各家庭では交流電流を直流に変換して使用しています。交流電流が供給されるとなれば、もちろん今度は交流電流用の電力量計が必要になります。このように新しい技術、新しい用途が出てくるたびに、新しい測定技術や測定機器のニーズが生まれてくるのです。

二　紆余曲折を経た電気の標準化

原理原則と実用主義とのはざまに

19世紀後半以降の世の中では、電気通信、電気照明の他に、電気を動力として用いる用途も見いだされ、自動車や電車を駆動させるモーターが発明されるなど、現在に通じるような電気の利用がどんどん広がっていきました。そして、電気の用途が広がり、さまざまなところで産業化が進むにつれ、重要になってくるのが「正確に測る」ということでした。電気にはさまざまな性質がありますが、それぞれを標準化して単位を決めていく必要が出てきたわけです。

しかし、電気関係の単位系は非常に複雑です。長さであればメートル、インチ、尺など、それぞれ呼び方や表す量は違っても、表す概念はいずれも同じようなものですね。長さに関する発展的な量としても、二乗して出てくる面積や、三乗することで求められる体積がある程度です。

それに比べて電気の場合は、「アンペア（電流）」「ボルト（電圧）」「ワット（電力）」「オーム（電気抵抗）」など、応用が広がるに伴ってバラエティに富んだ多数の量ができ、それぞれが異なる概念を表しつつ、互いに関係づけられています。そこには磁気も関係してきます。そのようにただでさえ複雑なところに歴史的な経緯も絡まり、電気に関してはシンプルで合理的な単位をつくるのは容易ではありませんでした。もちろん現在は統一され、ＳＩ単位系を基準にすることで国際的に合意がなされていますが、電磁気の単位系にはかなりの紆余曲折がありました。

電気に関して最初に標準化の重要性がクローズアップされたのは、電気抵抗の「オーム」でした。きっかけはさきほどの大西洋海底ケーブル敷設事業です。それぞれの電気に関する量の関係性も意識しながら、説明していきます。

電気の量を関係づける基本となるのは、オームの法則の「$V=RI$」でしょう。これは１８２６年にドイツのゲオルク・オームが発見した電気抵抗に関する法則で、「電気回路の２点間の電位差（電圧）は、その２点間に流れる電流に比例する」というものです。式のVは電位差（電圧）のことで、単位は「ボルト（Ｖ）」、Rは抵抗で単位は「オーム（Ω）」、Iは電流で単位は「アンペア（Ａ）」です。

小学校の理科で電池に豆電球をつなぐ実験をしますが、これもオームの法則が見てとれる実験です。豆電球がR（抵抗）で、１・５ボルトの電池をつなぐとVとRで決まる電流が流れる。電流が流れるとジュール熱という熱が発生し、電球のフィラメントを加熱するので電球が光る、というわけです。ここでは熱に加えて、温度や明るさも絡んできます。くわしくは述べませんが、温度が高い物体からは熱エネルギーが電磁波として放出される、すなわち赤外線を出して光るという熱輻射という現象が起こるので、豆電球は光るわけです。電気ストーブが赤く光りながら熱を発するのもこれと同じ、熱によって中の原子の運動が激しくなるために光るということで、熱と光がつながっていることがわかると思います。

現代においては小学生が学ぶほどスタンダードなオームの法則ですが、大西洋海底ケーブル敷設事業が行われた１８５０年代当時はまだ新しい、できたての法則で、これを科学とは認めないと考える人もいたようです。理由の一つには、おそらくR（抵抗）が一定ではないこともあったのではないかと思います。

というのは、電線に電池をつないで電流を流すと熱が発生して温度が変化します。温度が高くなると一般には電気が流れにくくなる、すなわち抵抗が大きくなります。つまり、一定の電流を流していても、時間の経過とともにだんだん抵抗が大きくなっていくので、電流が一定でもRは一定とはいえないわけです。あまり大きな電流を流さない範囲内の、ある温度の環境下においてはこの法則は正しいのですが、そうでなければ厳密に正しいとはいえません。科学が普遍性を求めるのであれば、状況によって異なるものは法則として適切ではなく、その点を批判する人もいたのです。

とはいえ実用上はＳＩ単位を使わないほうが便利であるため、抵抗そのもの、電圧そのものの標準がつくられ、それらによる管理が続きました。これは電気のＳＩ単位が電流のみであり、しかも一度、力学的な世界に換算しなくてはならないという特殊事情によるものです。ＳＩの世界につながっていなくても、電気の世界で閉じている限りはとくにそれで問題はありません。

ちなみに標準電池というのはエドワード・ウェストンが１８９２年に発明したカドミウム電池で、20度のときに１・０１８３ボルトの安定した電圧（V）を出すものです。電極はカドミウムと水銀、溶液は硫酸カドミウムというこの電池は、１年で１００万分の１の狂いもない安定した性能を持ち、その後、電圧標準として使われるようになりました。

ウェストンはイギリスに生まれてアメリカに渡った人で、エジソン同様、電気メッキや発電機、電球などの電気関連事業を手掛ける企業家として活躍しました。しかし、この標準電池のほか、永久磁石を用いて直流を測る技術を用いた正確な電流計、非常に安定した抵抗など、事業よりもむしろ、電気に関する標準や計測装置の発明によって広く名を知られるようになりました。ウェストンのつくった安定した抵抗は、マンガニンという温度の影響を受けにくい合金を線状にして用いたもので、これも1年に１００万分の1程度の変化も起こさないため、高性能な標準として用いられるようになりました。

電流の「アンペア」、電圧の「ボルト」、抵抗の「オーム」という三つの量は、オームの法則を用いることで関連づけられるので、二つの数値がわかれば、そこからもう一つの数値は導き出せます。電気の産業応用が進められる中で高まった量を測るニーズは、ウェストンの標準装置によって標準化され、正確に測ることができるようになり、電気産業、通信産業、科学などをさらに発展させていきました。

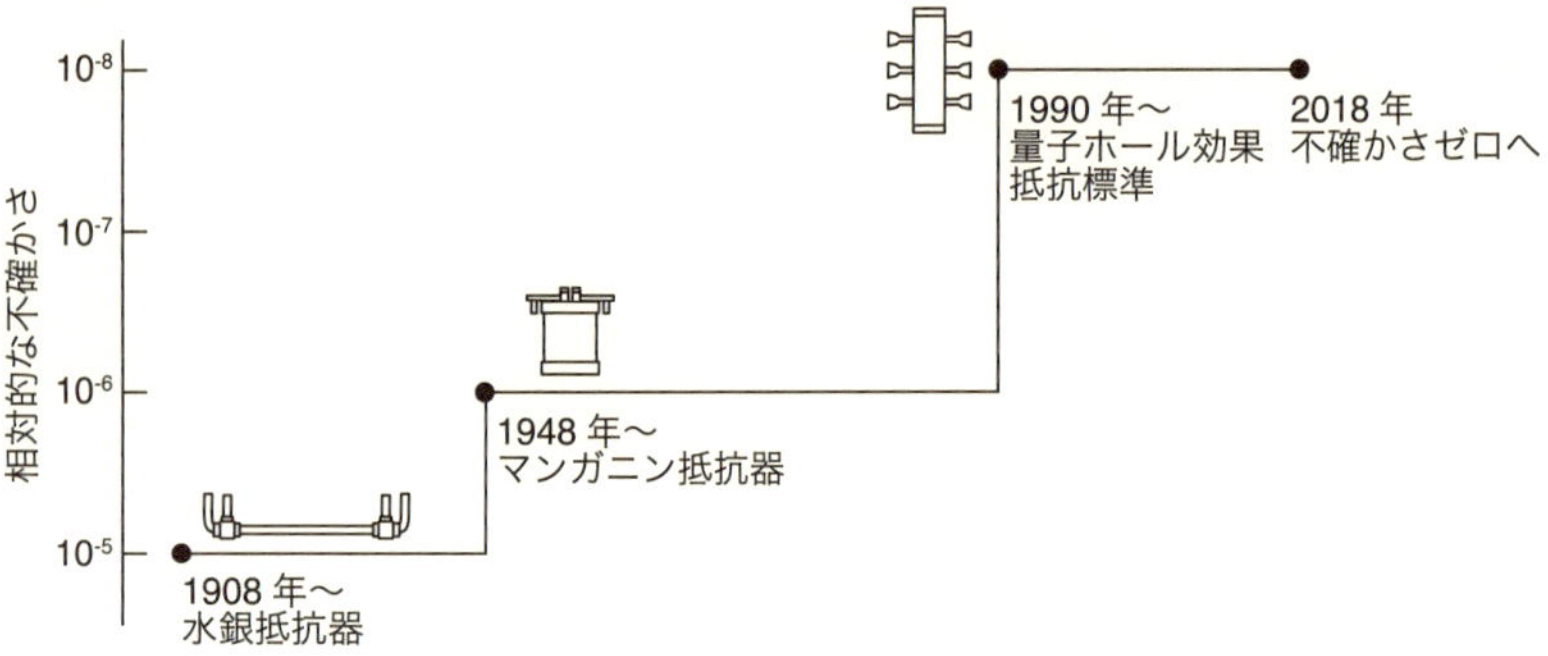

図 6-5　抵抗標準の変遷

電気の主役、アンペアの定義

なお、初めて電気の国際単位が決められたのは、海底ケーブル敷設事業で標準化を求める機運が生まれてから数十年経った1908年のことでした。最初に国際単位ができたのは、電流と電圧の二つについてで、それぞれ最初に標準となったのは、電流は「銀分離器」、抵抗のほうは「水銀抵抗原器」でした。水銀抵抗器というのは「あるガラス管に水銀を入れて、0度のときに電流を流したときの抵抗を1オームとする」というもので、これもある意味で、実用的に抵抗Rを決めるための装置といえます。

1948年から、電圧の標準はウェストンの標準電池、抵抗の標準はマンガニン抵抗器に変わります。1990年からはいよいよ量子標準の時代に入り、電圧標準はジョセフソン効果電圧標準装置、抵抗標準は量子ホール効果抵抗標準装置となりました（図6－5）。

電気には、電圧、抵抗のほかにも多くの測られるべき量と単位が存在します。数多くの電気関連の量と単位がある中で、「SI基本単位」に入っているのは電流の「アンペア」だけなので、電気の量を考える場合はアンペアを一番の主役だと思って間違いはありません。

1アンペアの現在の定義は「真空中に1メートルの間隔で平行に置かれた無限に小さい円形断面積を有する無限に長い2本の直線状導体のそれぞれを流れ、これらの導体の長さ1メートルごとに2×10^{-7}ニュートンの力を及ぼし合う一定の電流である」というものです。文章がとても長いですね。何度か書いてきましたが、「2×10^{-7}ニュートンの力を及ぼし合う……」とあるように、力を用いて質量とつなげるかたちで電気が定義されています。第4章で出てきたキッブルバランスも、1キログラムの力と電流から生じる力を釣り合わせる方法で、これと同じ方向の発想ということができます。

以上が、これまでの電気の定義の進化の大まかな流れです。そして2018年には、質量を巻き込むかたちで電気の定義も改定されることになっています。アンペアの定義は無理やりのように電気と力が結びつけられていましたが、とうとう力とつなげるのをやめ、電気量eという物理定数を用いたものに変更されます。電気量eは、現在は不確かさを含んだ量なのですが、2018年からは光速と同じように不確かさがゼロとなります。

電流の新しい定義として予定されているのは「アンペア（A）は電流の単位であり、その大きさは、単位A•s（Cに等しい）による表現で、電気素量の数値を正確に$1.602176634 \times 10^{-19}$

に固定することで示される」というもの。電気素量の数値とは電子1個の電気量で、これからは1.6×10^{-16}クーロンという数値できっちり固定されます。その電気量eが1秒にどれだけ動くかを見ることで電流を高精度に計測できるということです。ここに時間軸が入ったことで、電気と時間が組み合わされました。

電流というのはその1.6×10^{-16}の電気がワーッと流れているものですが、産総研では一つ一つの電子を計測する装置の研究開発も行っています。質量標準をつくるとき、アボガドロ数であればシリコン原子が何個入っているかを数え、時間標準では1秒をできるだけ細かい波で刻んでそれを数えますが、新しい電気標準もそのように、電気のもっとも小さい量、単位である電子を1個1個数えることで電流を正確に計量できるのです。できるだけ細かい量にしてその量を数えるという、他の単位と共通した考え方がこれからの電気の定義の基本になります。

これにより晴れて電気は過去の質量の呪縛から逃れ、のびのびと高い精度を実現して、他の単位を支配することになりました。長さや質量の長い歴史に比べてごく短い歴史しか持たない電気という存在が、一般の社会や産業界を支配し、今やそれなしに生きていけないところまでになって、長いあいだ単位の世界に君臨してきた質量の天下を引っくり返したのです。

測る技術も電気が支配する

現在は電気なしではいられないほど、電気が社会のほぼすべての要素の基盤となっています。

産業的なニーズも高く、動力としても不可欠、あらゆる通信手段も電気なしには成立しません。動力のやりとりをするにも情報のやりとりをするにも電気は便利です。社会インフラとなったインターネットもコンピュータもスマートフォンも、何もかもが電気を利用しています。

そのような中で大切なのが、電気をきちんと測るということです。たとえば通信基地局で電波を出す場合でも、アンテナをどのような間隔で立て、電波をどのような量で出力したらよいのかといったようなことがすべて厳密に決まっているからです。海底ケーブルでもそうでしたが、出力が大きければよいわけではありません。何かするには、最小のコストかつ最高の効率で、適切に行いたい。そういった考え方はどのような分野でも共通しています。

もう一つ、電気の計測が重要である理由として、現在の計測はほとんどすべて最終的には電気（電気量）に収斂《しゅうれん》されているから、ということが挙げられます。あらゆる計測装置の中では、電気が動いて、把握された情報がコンピュータに送られ、計算され、測定結果が得られています。現在の計測機器で、メカがメカとして機能しているのは天秤ぐらいではないでしょうか。

時間や周波数、あるいは明るさを計測する光コム装置（第3章参照）も、測る行為を行うのは光と電気です。レーザーも電気を流すことで周波数的に安定したよい光を出す装置です。そういった現在のほとんどの計測装置の内部は電気がつかさどっています。昭和40年代の計測科学のテキスト『計測法通論講義』（東京大学出版会）を見たことがありますが、当時は電気がそこまで全分野にいきわたっていなかったので、計測機もメカが基本でした。しかし、現在は何かを測ることの、あらゆるところに電気が入り込んでいます。計測だけでなく、最後のデータ処理もデジタル変換してコンピュータが行います。電子データとしてそのまま受け渡せるので記録が取りやすいだけではなく、計算もしやすく、それをそのままグラフにして表示しやすくもなっています。

かつて人間が電気という存在に気づいたとき、電気は電気というただそれだけのものでした。しかし、わずか200~300年で社会のあらゆる分野に入り込み、溶け込んで、すべての基盤になっています。私たちはもはや電気なしで過ごすことはできません。そのような中でセンサーで非常に微弱な信号を捉え、それを電気信号に変換して測る技術が生まれたことで、あらゆる量が非常に便利に精度よく測れるようになりました。計測・標準に関する技術は、電気と非常に相性がよかったといえるでしょう。

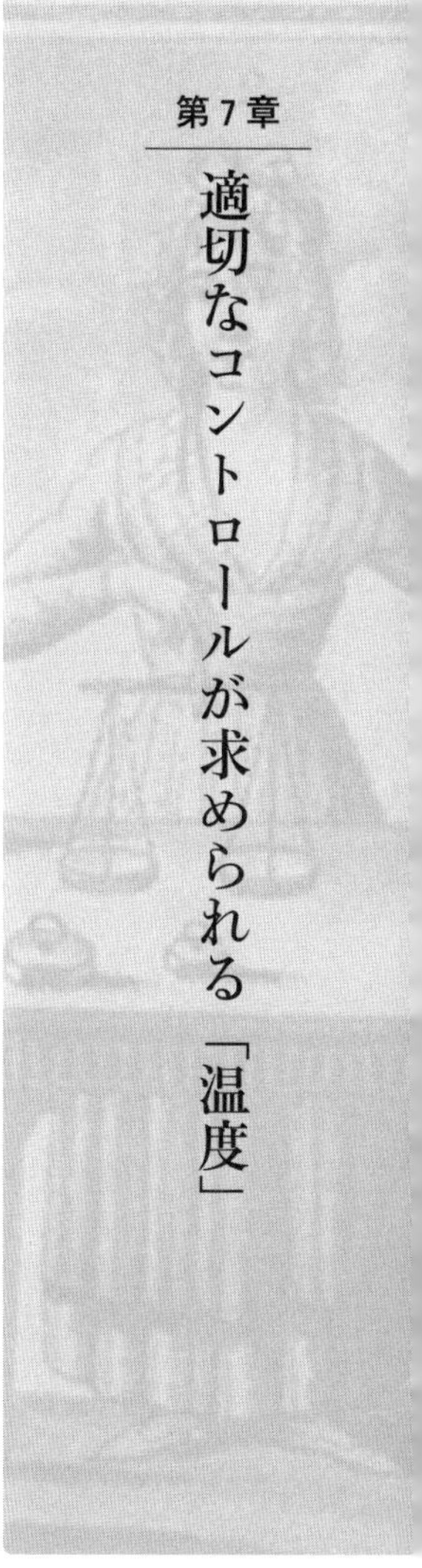

第7章

適切なコントロールが求められる「温度」

一　とらえどころのない温度を測る

温度の可視化

夏は暑く、冬は寒い。お湯は熱く、水は冷たい。暑い寒いも、熱い冷たいも私たちの素朴な感覚であり、温度は私たちにとって非常に身近な物理量です。しかし、その一方でかなり量的な把握の難しい、わかりにくい量でもあります。

風邪をひくと熱が上がります。子どもの体調が悪いと大人は子どもの額に自分の額をくっつけ、額の温度を比較することで子どもが発熱しているかどうかを知ろうとします。これも温度を測る一つの方法ですが、この場合は定性的・感覚的にどちらがより高いかを把握するだけで、

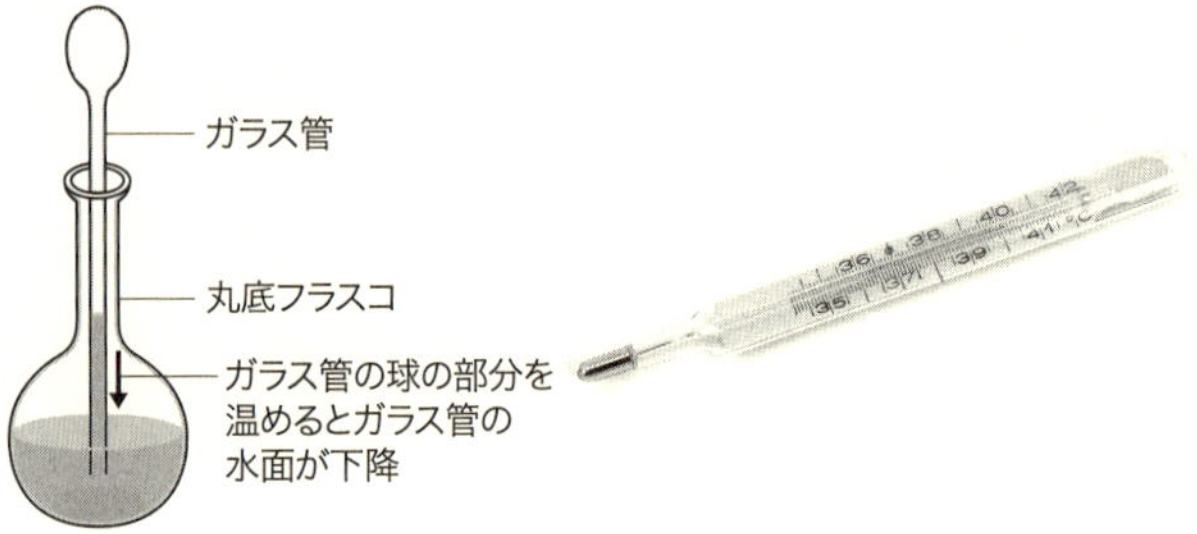

図 7-1　空気温度計と水銀温度計

定量的に計測できるわけではありません。また、よく冷えたジュースとぬるめの水があった場合、感覚的にはどちらが冷たいかわかりますが、その温度差が何度であるかは人間にはとらえることができません。

　また、１メートルの棒と１メートルの棒を継ぎ足すと２メートルの棒になり、１００グラムの肉と１００グラムの肉を合わせると２００グラムの肉になりますが、温度の場合、１００度のお湯と１００度のお湯を足しても２００度にはならず、お湯は１００度のままです。温度は単純な足し算ができない量でもあります。

　そのようになんともとらえにくい温度という量を定量的に把握するためには、温度計という道具が必要となります。

　温度計の歴史はガリレオ・ガリレイに始まるといわれます。16世紀、ガリレオは空気の膨張を利用した、球付きのガラス管による温度計、通称「空気温度計」を発明しました。ガラス管をアルコールランプなどで熱したり、手で握って温めたりして空気を膨張させたあと、水の入った丸底フラスコにそのガラス管を入れたものです（図7－1）。ガリレオはそこに目盛は振っていなかったようですが、水面の高さを見ることで温度の高低を知ることができます。

温度による膨張（熱膨張）という現象を利用し、温度を液体の長さに変換して計測する温度計を「液体温度計」といいますが、その原理は一昔前までよく使われていた水銀温度計と同じです。水銀温度計は温度の変化によって伸び縮みする水銀の性質を利用し、ガラス管に棒状に密封した水銀の長さによって温度を読み取る方式の温度計です。電子体温計の登場する前は家庭でも一般的に使われていました。

18世紀に水銀温度計が発明される前は、アルコールをガラス管に入れて同様の方式で温度を計測していました。いずれの温度計も、温度によって起こる物理現象の再現性が非常に高いことを利用して、温度という量を長さという別の量に変換することで温度の変化を可視化するしくみを用いています。そしてガラス管に相応の目盛を振ることで、温度を定量化して把握できるようになりました。

図7-2　ガリレオ温度計

なお、ガラスの円筒の中に透明な液体を入れて複数のガラス容器を浮かべた温度計を「ガリレオ温度計」といいます（図7－2）。現在はインテリアショップなどで見かけることもありますが、これはガリレオ自身ではなく、ガリレオの弟子を含むフィレンツェの複数の物理学者や技術者が17世紀に発明したものだといわれます。ガリレオの名を冠しているのは、この温度計が「液体の密度はその温度に比例して変化する」というガリレオが発見した原理に基づくからだといわれています。

さて、空気温度計や液体温度計が用いている、温度を長さに換算する原理は、

$$\Delta L = \alpha L_0 \cdot \Delta T$$

というシンプルな式で表すことができます。ΔLは長さ変化、αは熱膨張係数、L_0はもとの長さ、ΔTは温度変化を表します。要するに、熱膨張係数が一定であれば、長さは温度に比例して増えるということです。だから水銀温度計の目盛りは等間隔に振られているわけですね。

そして、そのような原理を踏まえて温度を測定するときには、測定の基準となる「温度定点」が必要となります。

セルシウス度とファーレンハイト度

私たちが日常的に用いている「気温25℃」「体温37℃」というときの単位の「℃」、すなわち「度」は、「セルシウス度」という温度の目盛です（第1章では単位と書きましたが、実は目盛と呼ぶのがふさわしいものです）。セルシウス度では、氷点（水が凍る温度）や沸点（水が沸騰する温度）を温度定点としています。水が氷点、沸点のときにそれぞれ温度計を突っ込むと、

温度計の中の液体がある長さになりますね。そこにマークをつけ、氷点のときの長さを0度、沸点のときの長さを100度とし、二つの定点のあいだを100等分した1目盛分の量を1度とする。そのような素朴でシンプルな考え方に基づいたものです。1742年にスウェーデンの天文学者アンデレス・セルシウスが考案したこの目盛は、歴史的にさまざまな温度の基準がつくられてきた中で、現在、もっともメジャーな基準として生き残っています。日本語では「セルシウス度」を「セ氏」や「摂氏」とも呼びます。

もう一つ、海外旅行などの際に耳にする機会も多いのが「ファーレンハイト度」です。ファーレンハイト度はオランダで活動したドイツ人物理学者のガブリエル・ダニエル・ファーレンハイトが1724年に提唱したもので、記号は「°F」。日本語では「カ氏」「華氏」ともいわれます。イギリス、カナダ、オーストラリアなどの英語圏の国々では1960年代まではファーレンハイト度が使われていましたが、1970年代にかけて各国でメートル法への切り替えが進み、現在ファーレンハイト度を常用しているのはアメリカ、ジャマイカぐらいになっています。

なお、この基準をつくったファーレンハイトは温度に関して数々の成果を上げた科学者で、アルコール温度計や高精度な水銀温度計を作成したほか、過冷却の水の凝固や、液体ごとに沸点が異なること、沸点は大気圧によって変化することなどを発見しました。

ファーレンハイト度の温度定点は、セルシウス度に比べて任意性が高いところがあります。

ファーレンハイト度の0度は、その当時人間がつくることのできるもっとも低い温度だと考えられていた温度に設定されました。当時考えられていたもっとも低い温度とは「同量の氷と塩化アンモニウムの混合物（これを寒剤といいます）によって得られる温度」で、セルシウス度の約マイナス17・8度に該当します。

もう一つの定点として考えられたのはファーレンハイト本人の体温です。基準にするにはいかにも変動が大きそうですが、その定点100度はセルシウス度では約37・8度にあたり、この二つの温度のあいだを100等分（当初は96等分で、途中から100等分に変更されました）して目盛を振っていったのがファーレンハイト度です。

これらセルシウス度の℃もファーレンハイト度の℉もSI単位系の基本単位ではなく、SI単位系の温度の基本単位は「ケルビン（K）」です。ただ、1セルシウス度の大きさと1ケルビンの大きさとは等しいことになっています。

ケルビン卿の「絶対零度」

温度を測る歴史の中で、次の大きなトピックは「絶対零度」という概念の誕生でしょう。

第6章で、19世紀半ばの大西洋横断海底ケーブルプロジェクトについて紹介しましたが、事業の失敗を検証する委員の中に、電気抵抗を高精度に測定する必要性を訴えた科学者がいたのを覚えているでしょうか。のちにケルビン卿と呼ばれるウィリアム・トムソンです。このケルビン卿の名前が、ＳＩ単位系の熱力学温度の単位「ケルビン」の由来です。１８４８年、ケルビン卿は、氷点でも寒剤がつくる温度でもなく、絶対零度を起点とした温度目盛を基準とすることを提唱しました。

絶対零度とは、あらゆる分子や原子が動かなくなり、エネルギーの交換が行われなくなる世界における温度をいいます。現実にはこの宇宙には絶対零度は存在しないので、概念的に設定された温度ということができます。その概念のベースにあるのは、「温度の本質は原子の運動である」という科学的な事実です。

私たちは普段、「温度の本質は原子の運動」ということなど感じることなく生活しています。しかし、私たちのいるこの世界、たとえば私が今いるのは25度ぐらいの室内ですが、そこでは何もかもがブルブル振動しているのです。人間の目で見ることはできませんが、酸素や窒素の分子が常にブルブル動いていて、その振動エネルギーが私たちに温度を感じさせています。

空間の温度が下がると分子の振動は弱くなり、振動によって発せられるエネルギーが少なくなるので、私たちは寒いと感じます。さらに温度が下がってマイナス２７３・15度まで到達すると、どんな分子も原子も振動を止めてしまいます。ここまでくると運動エネルギーはこれ以上減ることができないので、温度もそれ以上は下がりません。この温度が絶対零度です。

ケルビン卿が絶対零度を考えた19世紀には、まだこのような分子や原子のことが明らかになっていませんでした。だからケルビン卿は分子や原子の理屈からではなく、「ボイル＝シャルルの法則」を用いて氷点における気体の膨張率から逆算することで、気体の体積がなくなる温度＝絶対零度を算出しました。ケルビン卿の計算の結果、その温度はマイナス273・1度。現代の科学でわかっている「マイナス273・15度」とほぼ一致しています。

ケルビン卿が用いた「ボイル＝シャルルの法則」とは、「圧力一定の条件下では体積と絶対温度が比例する」という「シャルルの法則」、「温度一定の条件下では圧力と体積が反比例する」という「ボイルの法則」、さらに「体積が一定の場合には絶対温度と圧力が比例する」という「ゲイ＝リュサックの法則」を組み合わせたもので、「気体の圧力は体積に反比例し、絶対温度に比例する」ことを示したものです。簡単にいえば、ガス（気体）を冷却していくとそれに伴いどんどん体積が縮んでいき、あるところで0になるということを示したものです。

ところで今「気体を冷却していくとそれに伴いどんどん体積が縮んで……」と説明しましたが、何か気になりませんでしたか？　そう、通常の気体はどんどん温度を下げていった場合、ある温度になれば液体になり、もっと温度が下がれば固体になるはずです。しかし、ここでは、いくら冷やしても液体にも固体にもならない気体が出てきます。

実は、ここで想定されているのは実際には存在しない「理想気体」で、それを容器に入れ、圧力を下げて縮めていくというかたちで理論化されているのです。物理の世界ではこのように、世の中には存在しない理想的な物質や状況を想定することがよくあります。いくらこすっても摩擦が起きない、物体でも質量を持たない、空気抵抗がないなど、現実にはない純化した状況を想定することで、ある現象を理論化しやすくするわけです。他の現象による影響を除外した「理想」をベースに原理を考え、そのあとで現実に当てはめる。そのときには、現実に合わせたかたちで理論をアレンジします。物理の理論はそのような順序で考えていくことが少なくありません。

さて、ケルビン卿は計算の結果、温度を1度下げることで気体の体積は273・1分の1減るという関係式を見いだしました。ということは、温度がマイナス273・1度まで達すれば体積は0になり、それ以上の温度は存在できなくなるということです。そのときの温度が「絶対零度」と名づけられました。

ちなみに、温度のSI基本単位であるケルビンは絶対零度を起点（0ケルビン）としていますが、目盛幅自体は1度と同じです（二つの単位を同じ大きさにすることは、ケルビン卿の提案によるものでした）。つまり、ケルビンの単位が示す温度から273・15を引くと、セルシウス度の温度になります。したがって、0度は273・15ケルビン、100度は373・15ケルビンです。

二　ケルビンはどのように定義されているか

水の三重点

温度定点としては歴史的に氷点と沸点が便利に使われてきましたが、温度定点の条件としては、同じ温度を何度でも再現できること、一定の条件下ではいつでも誰でも同じ定点を再現できることが求められます。SI単位系の1ケルビンの定義は「水の三重点の熱力学温度の273・16分の1」というもので、ここでは氷点や沸点ではなく、「水の三重点」が定点とされています。

「水の三重点」というのは、水の三つの相、すなわち液体の水と水蒸気と氷が同時に共存する不思議な温度で、いわゆる熱平衡の状態の1点です（図7－3）。水が凍る0度や沸騰する100度のほうが基準としてわかりやすいと思うかもしれませんが、それらは気圧や不純物の混ざり方などで変わってしまいます。それに対して水の三重点は温度も圧力も一定になる温度なので、定点として適しているのです。ちなみに、この平衡状態を実現する温度は、氷点よりやや高い0・01度。セルシウス度の0度が273・15ケルビンであるのに対し、SI単位系の定義で273・16という数字が出てきているのは、0度（273・15ケルビン）より0・01度高い温度（273・16ケルビン）を定点としているためなのです。

なお、現行の定義では、20ケルビン（摂氏に換算すると、マイナス253・15度）以下の低温域と、1300ケルビン（同、1026・85度）以上の高温域においては、十分な計測ができないことがわかってきました。関東地方で日常生活を送っている限りは、マイナス数度から40度程度までがわかっていれば、とくに不自由なく暮らしていけます。料理をするときにはオーブンの設定温度などで200度以上の温度を気にすることがありますが、その程度ですみます。

ところが化学の実験や産業界などにおいては、超低温まで冷やしたいとか、もっともっと高温まで熱したいというニーズがあります。さまざまな実験や科学的な現象は温度に依存することが多く、ある温度で一定に保ちたいというニーズが多いのです。そのようなときに正確なものさしが必要になりますが、現行の定義ではそれが不十分なのです。

そこで現在、温度の定義も基礎物理定数であるボルツマン定数に基づくものに変えることで、低温域や高温域についても高精度の計測ができるようにする方向で動いています。

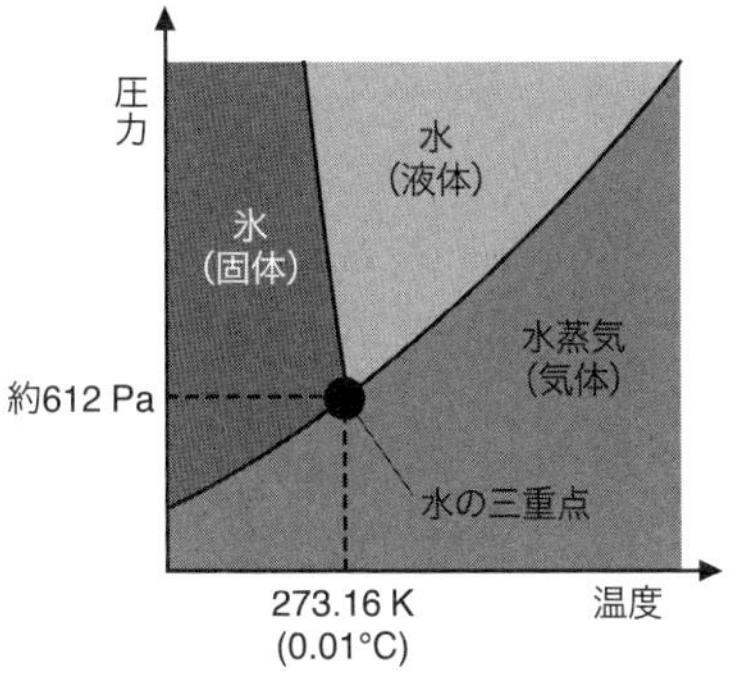

図 7-3　水の三重点

【コラム⑦】

絶対零度は実在しない

絶対零度はあくまで理論上の値であり、現実では0ケルビンに達することはありません。現実の世界で宇宙一温度の低い状態はナノケルビン（10^{-9}）レベルの「ボース＝アインシュタイン凝縮」というものです。現在はレーザー冷却を行うことによってマイクロケルビン程度までの低温は実現できています。

0ケルビンに到達しないというのはどういうことかというと、低温物理の世界で冷えた状態をつくり出すときは、比例式の描くグラフのように一直線にマイナスまで突き進んでいくようなことにはならず、図C－3のような状態で温度が下がっていくからです。時間とともにどんどん温度は下がっていくのですが、0に到達するというよりは桁数をどんどん小さくしていくことで、0に限りなく近づけていくイメージです。

そうはいっても、いつかは0に達するのではないかと思うかもしれません。しかし、どうしても何らかの熱が入ってきて、本当に0には到達できないのです。「熱力学第三法則」でもそのように規定されています。

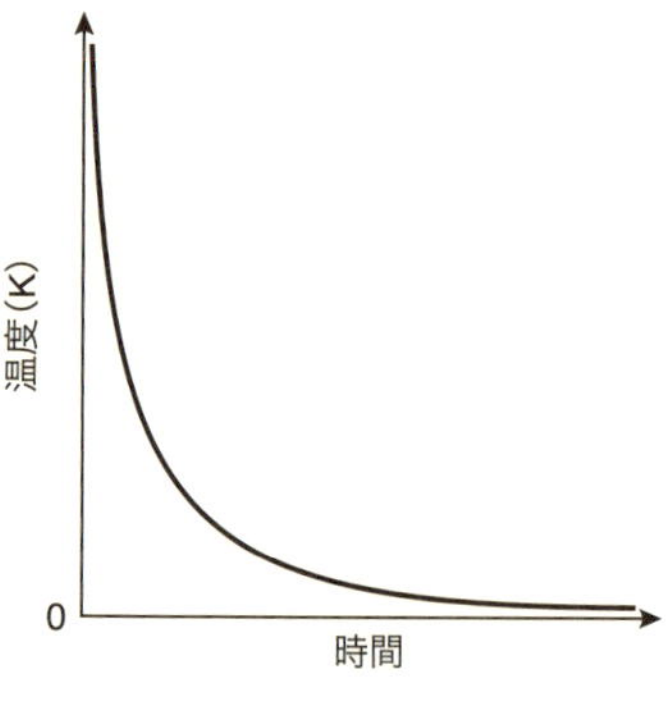

図C-3　温度の下がり方のイメージ

国際温度目盛の設定

さきほど、セルシウス度のように日常的に使っている温度目盛は、温度による現象の再現性などに基づいて決められていることを説明しましたが、たとえ複数の温度定点を精度よく再現できたとしても、それ自体、温度計で測らなくては数値を得ることはできません。それは少し妙な感じがしませんか。それに、そもそも温度定点を測る温度計が正確であると、どのように知ることができるのでしょうか。ここにはそのような問題が出てきます。

一方のSI単位系の温度（熱力学温度）の単位ケルビンも、「水の三重点の熱力学温度の273・16分の1」と定義され、さらにセルシウス温度（℃）は、ケルビン（K）で表記した値から273・15を引いたものであると定義されていました。ここでも「水の三重点」という温度定点が基準となっていました。

実は、水の三重点を定義とする点は、1954年に温度が基本単位となって以来、大筋では変わっていません。しかし、定義の決定から60年ほど経った現在、温度定点という物質の性質に基づいた定義には、そろそろ限界が見え始めています。そもそもケルビンは理想気体をベースに熱的エネルギーの量を計算することから定められた量（単位）であり、熱的エネルギー量を正確に測れれば温度定点を使わなくても温度を知ることはできるはずです。

そのようなことから現在は熱的エネルギー量を正確に測るための研究が進み、「定積気体温度計」「音響気体温度計」「熱雑音温度計」「放射温度計」など、基礎物理定数に基づいて計測す

表 7-1　新しい温度計の種類

定積気体温度計	一定の容積を持つ容器に密閉された気体の圧力と熱力学温度との関係を利用して計測する。
音響気体温度計	共鳴器の中で鳴らした音の共鳴周波数から音速を決定し、音速と熱力学温度の関係を利用して計測する。
熱雑音温度計	電子の不規則な熱振動によって生じる熱雑音の強度が温度に依存する性質を利用して計測する。
放射温度計	物体から放射される電磁波の強度を利用して計測する。

る方式の新しい温度計が開発されてきています（表7－1）。そして温度の単位ケルビンは、質量のキログラム、電気のアンペア、物質量の単位モル（mol）とともに、2018年に定義が改定される予定となっています。

しかし、いくら精度が高いとはいえ、これらの温度計は環境などが厳密に管理された中で、高精度な周波数分析装置などを併用する必要もある大がかりな装置であり、私たちが日常的に気軽に使えるようなものではありません。そのため国際度量衡委員会は、0度以下の低温域から100度以下の高温域まで、いくつもの温度定点と数種類の安定した温度計によって「国際温度目盛」を定義しており、国際的にもこの目盛を使用することで合意ができています（図7－4）。

最初の国際温度目盛が決められたのは1927年ですが、以来、温度範囲の拡大と精度向上のため科学者たちは努力を続け、これまで約20年に1度程度の間隔で改定もしてきています。温度計測に携わる科学者たちが精度向上のために行う努力には、基礎物理定数に基づく計測方法を開発することのほかに、いかに新しい温度定点を

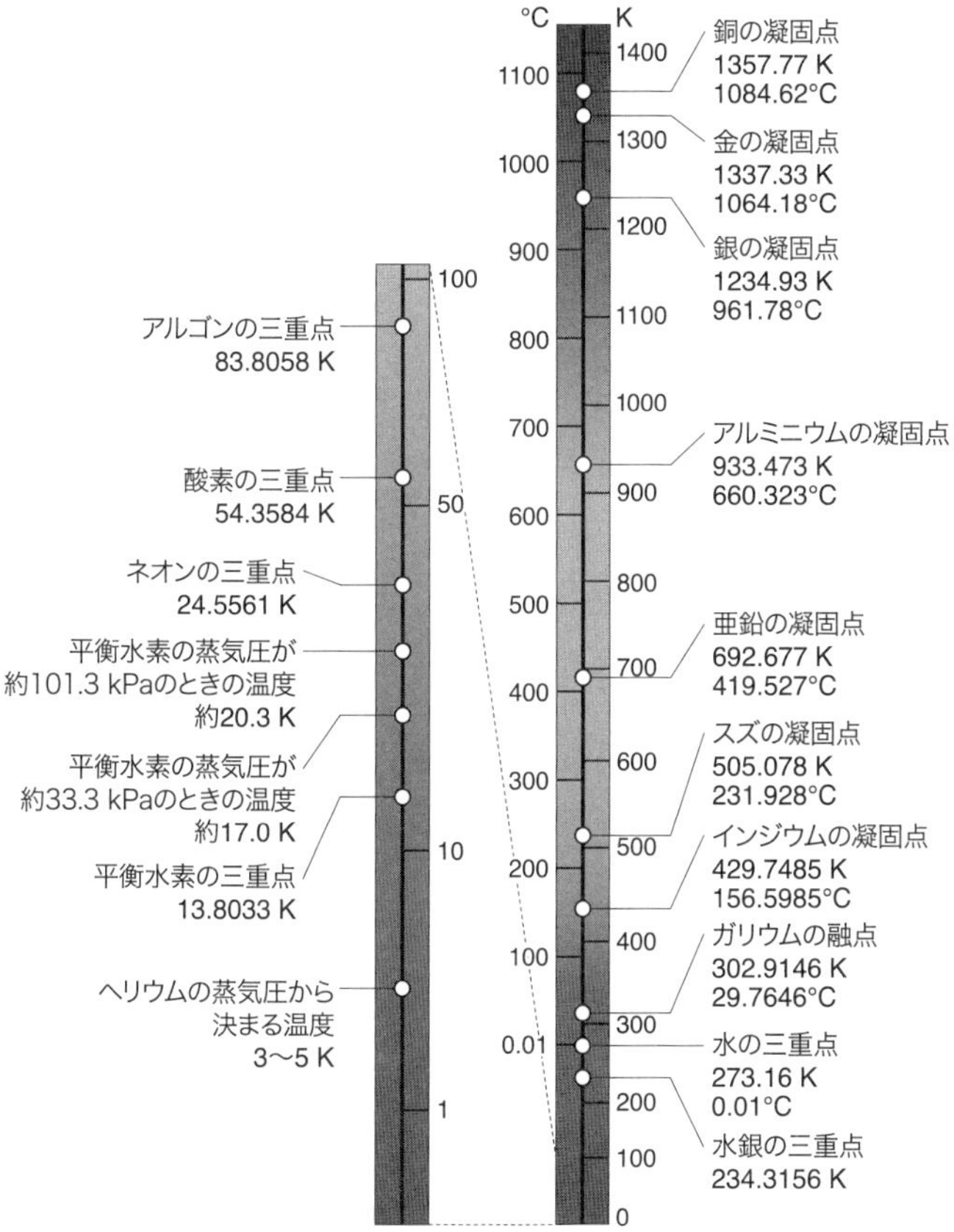
°C
K
1100
1000
900
800
700
600
500
400
300
200
100
0.01
1400
1300
1200
1100
1000
900
800
700
600
500
400
300
200
100
0
100
50
10
1
銅の凝固点
1357.77 K
1084.62°C
金の凝固点
1337.33 K
1064.18°C
銀の凝固点
1234.93 K
961.78°C
アルミニウムの凝固点
933.473 K
660.323°C
亜鉛の凝固点
692.677 K
419.527°C
スズの凝固点
505.078 K
231.928°C
インジウムの凝固点
429.7485 K
156.5985°C
ガリウムの融点
302.9146 K
29.7646°C
水の三重点
273.16 K
0.01°C
水銀の三重点
234.3156 K
アルゴンの三重点
83.8058 K
酸素の三重点
54.3584 K
ネオンの三重点
24.5561 K
平衡水素の蒸気圧が
約101.3 kPaのときの温度
約20.3 K
平衡水素の蒸気圧が
約33.3 kPaのときの温度
約17.0 K
平衡水素の三重点
13.8033 K
ヘリウムの蒸気圧から
決まる温度
3〜5 K

図 7-4　国際温度目盛

見つけるかということもあるわけです。あとでくわしく紹介しますが、実は産総研はこの分野で非常に大きな貢献を果たしています。

再定義を求める機運

2018年の温度の定義改定に向けた動きを見ていきましょう。

水の三重点は再現性が高いとはいえ、物質の性質に基づいたものなので、正確さには限りがあります。2002〜2004年にはその正確さを検証するために、国際度量衡局で温度計を校正する装置（三重点セル、図7-5）の国際比較が行われました。つまり、各国の三重点セルで計測した数値と、国際度量衡局の持つ三重点セル（世界の温度の基準）とを比較しようというわけです。

世界20か国から三重点セルが集められ、同条件で温度を計測。するとどういうわけか、研究者たちが想定した以上にバラバラな結果が出てしまいました。その理由を検証してわかったことは、水の三重点の温度は分子を構成する同位体の種類によって微妙に異なるということでした。質量の再定義に向けてプランク定数を求めていくときも、シリコンに含まれる異なる同位体を濾して、1種類の同位体だけでできた結晶をつくっていましたね。そうでないと精度の高い計測はできないからです。ここでも水を構成する原子に複数の同位体が混在していたために、組成の比率の違いによって三重点の温度が変わり、正確な数値を出すことができなかったのです。

精度高く計測するには、何らかの基準を事前に決めておき、ズレるぶんを補正する必要がありました。ところが、当時の温度の定義には同位体の扱いについて記述されていなかったため、自分で配慮してズレを補正した国と、定義に書いていないので補正しなかった国があり、その結果が測定値の不一致につながってしまったというわけです。これを受けて２００５年、同位体の組成比に応じた補正が必要である旨の記述がケルビンの定義に追加されました（「三重点温度は分子を構成する同位体の種類により変動し、複数の同位体が混在する場合はその組成比に依存する」）。

問題はまだありました。三重点セルというのはガラス容器が二重になった構造の装置ですが、測定中にガラスに含まれる異物が溶け出すことがあるなど、不純物の影響を排除しきれないのです。この点も基準が物質に依存しているために生じる問題でした。そのようなこともあり、他の定義の再定義と合わせて、温度についても物質から離れた新しい定義をつくろうという機運が高まってきたわけです。

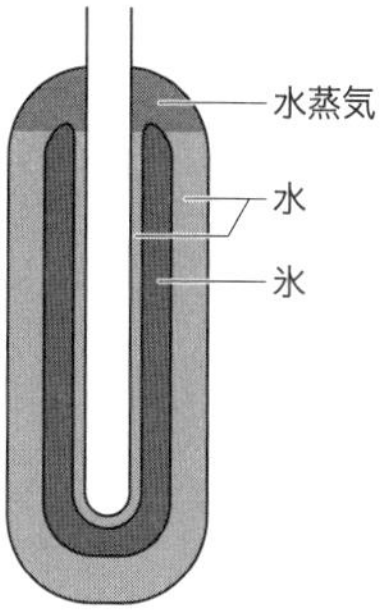

図 7-5　三重点セルの概念図

三　温度の精度向上の方向性を考える

ボルツマン定数と温度

基礎物理定数に基づいた新たな1ケルビンは、「その大きさは、SI単位 $s^{-2}\,m^2\,kg\,K^{-1}$（それは $J\,K^{-1}$ に等しい）で表したときのボルツマン定数 k の数値が正確に $1.380\,64903 \times 10^{-23}$ に等しくなるように設定される」という定義になる予定です。質量の定義がアボガドロ定数やプランク定数に依存するかたちに変更されるように、温度ではボルツマン定数に依存するかたちの定義となります。

「SI単位 $s^{-2}\,m^2\,kg\,K^{-1}$（それは $J\,K^{-1}$ に等しい）」という部分は、簡単にいえば温度をエネルギー量に換算する場合にこのような式が成り立つということで、温度をSI単位につなぐためにエネルギーという力学的な要素を使っていることを示しています。

そして、ボルツマン定数がどういう法則や現象とつながるかというと、「温度は気体の運動である」ということとつながります。それを表す式が、

$$1/2\,mv^2 = 3/2\,kT$$

というものです。$1/2\,mv^2$ は、m の質量を持った気体の分子が速度 v で動いていることを示す関

係式で、運動エネルギーを表します。3/2が係数、kTは熱エネルギーです。ここからわかるのは、熱力学温度Tとは物質に内在する熱エネルギーに比例した状態量であり、ボルツマン定数kは温度と力学をつなぐ関係係数だということです。

気体の分子の速度は、完全な真空の空間に気体の分子を1個だけピョイと出したときに飛んでいく速度を想定しています。しかしもちろん普通の部屋などではそんなことは不可能です。なぜなら私たちが日常いる空間には気体が海のように満ちていて、たくさんの分子がうごめいているからです。1個の分子が何にも邪魔されずにエネルギーを保って飛んでいくようなことは、そこでは起こりようがありません。1個の分子が飛んだと思うと、別の分子にぶつかって向きや速度を変え、また別の分子にぶつかっては変える。どの分子も他の分子にぶつかりながら、一定の方向性を持つことなくカクカクカク動いていき、それらの全体の速度を平均すると、結局は0ぐらいになってしまいます。だから、分子がぶつかってきても痛くもなんともなく、場合によって多少の気圧を感じることがあるぐらいなのです。

気体の分子のエネルギーを知る方法には、理想気体に関するボイル＝シャルルの法則や、熱雑音の周波数に関するナイキストの定理、黒体の放射輝度に関するステファン＝ボルツマンの定理などいくつかあるのですが、産総研が取り組んでいるのは音速を手がかりとする方法です。「ヤッホー!」と叫んだときの声、というより「音波」は、進んでいくときに空気の濃度（気体の分子の密度）に濃淡を生じさせます。たとえば、水面に波紋ができ、それがビヨビヨと動き

図 7-6　音響気体温度計　写真提供：産業技術総合研究所

ながら周囲に広がっていくときのように、音波が移動していくときには空気にも疎密ができるのです。そうやって音が伝わっていくスピードと分子が動く速度は同程度であることがわかっており、そこから速度を計測することができます。

もちろん実際に飛んでくる気体の分子そのものの圧力を測れれば、それが一番直接的でよいのですが、それはまだ現代の技術では簡単にはできません。そのため「音響気体温度計（アコースティック・ガス・サーモメーター）」という装置を用いて、音速と、気体分子の速度の平均値をつなげています。（図7-6）

もう一つ、温度測定の最新の方法としてドップラー効果を用いたものがあります。救急車が近づいてきて通り過ぎ、遠ざかっていくと「ピーポーピーポー」のサイレンの音の高さが違って聞こえますね。これはドップラー効果を説明するよく知られた例ですが、原子が発する固有の周波数を測っているときも、原子がランダムに動き回ることでドップラー効果が起こり、本来の周波数からブレることでボケてとらえられてしまいます。このボケ具合は原子の動きまわる速度と関係がある、ということはすなわち温度とも関係があり、光周波数コムを用いて周波数のボケ幅（分布）を測ることで、温度を導き出すことができるというわけです。これも産総研が進めている研究の一つです。

温度を測ること自体の歴史は電気に比べてとても長いのですが、これまで物質に基づく定義のままだったのは、時間などに比べて温度自体の桁数はそれほどないこと、それに、温度をそこまで精度よく測りたいというニーズも最近になるまで出てこなかったことによるでしょう。おそらく数十年前までの産業界のニーズは、できる限りの高精度を出すことよりも、手軽にある程度正確な温度が測れることにあったと考えられます。

しかし近年、化学や工業などの分野には超低温や超高温の温度を正確に把握したいというニーズが生まれてきており、今回の温度の定義の改定はそれに応える第一歩ということになります。質量の再定義は、先にプランク定数などに基づく定義に変えることにして、そこから科学者たちが国際協調し、必死に高精度な計測法を開発するという流れで行われました。温度の世界でも、まずは定義を基礎物理定数に基づいたものに変え、そこからボルツマン定数をより正確に求める新しい方法が開発されてくる可能性があると思います。

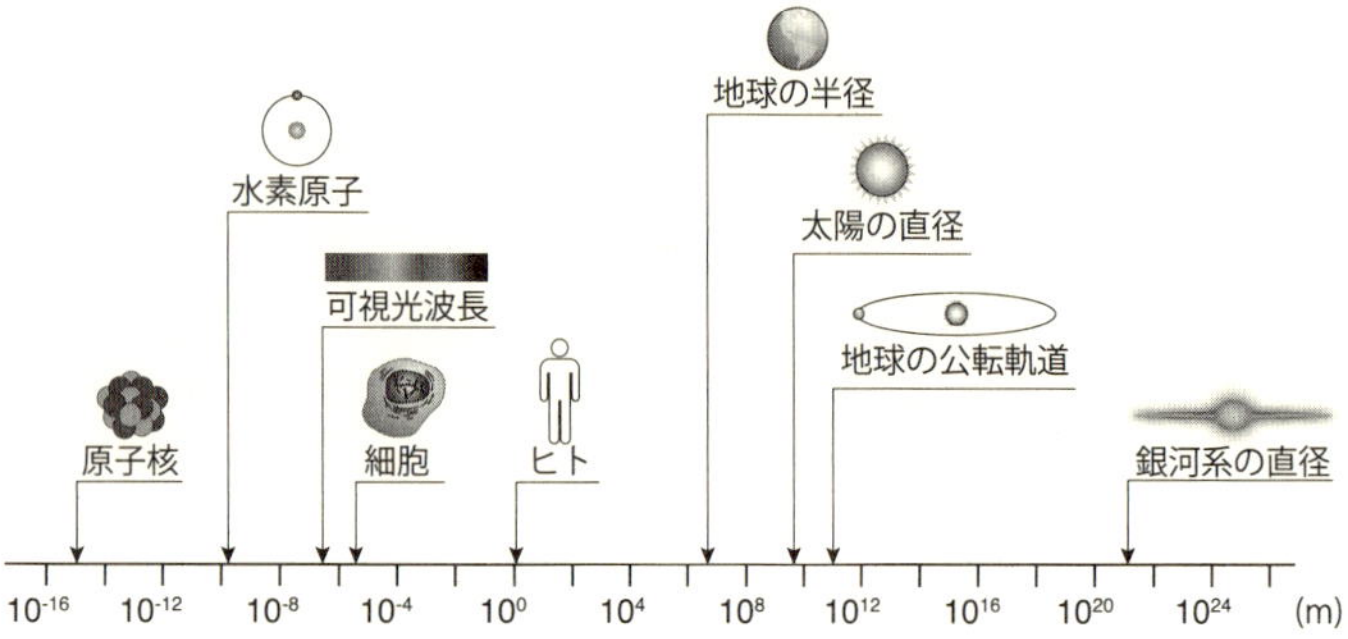

図 7-7　ミクロからマクロへの長さの広がり

温度の特殊性

さて、温度には絶対零度より下は存在しません。つまり、温度には下限があります。高いほうに関してはどうかというと、水素爆弾が爆発したときに発する熱は1億度ぐらいでしょうか。ビッグバンはさらに高温だと考えられ、上限はないといってもよさそうです。とはいえ、人間がそこまでの高温を実用的に扱う機会はまずなく、日常生活の中で接するのは、マイナス20度程度から、オーブン料理の250度程度の範囲でしょう。科学や産業で考えられる温度はそれよりはぐっと上がりますが、それでも太陽の表面温度である6000度ぐらいまでが限度です。フランスにある太陽炉（太陽光をミラーで集めて温度を上昇させる装置）は、天候やミラーの状態などの条件が揃えば6000度もの高温を得られる可能性があるといいます。レーザー装置でも同程度かそれ以上の温度が得られるかもしれません。

しかし、それらの数字を桁という視点から考えてみてください。長さという量では、小さいほうでは原子の大きさ（10^{-15}）

から、大きいほうでは銀河系（10^{21}）や宇宙の大きさ（10^{26}）まで、この世界の中で人間が想像できる量だけでも40桁もの広がりを持っています（図7－7）。

周波数（時間）もマイナス18桁まで細かくできますし、大きいほうでは宇宙の年齢ぐらいの膨大な長さを持つ時間が存在します。

それに対して温度というのは下限がはっきりあり（しかもマイナス3桁）、大きいところでもせいぜい水素爆弾の1億度（10^{9}）程度と、一般的に考えられる範囲ではスケール的な広がりがかなり少ない量です。一般的に人間が扱う温度の範囲を絶対温度で考えても、私のいる室内の温度は300ケルビンほど、太陽の表面温度が6000ケルビンほどで、わずか20倍でしかありません。周波数の単位が18桁の精度を追求し、非常に小さいスケールから大きいスケールまでを自在に行き来するのに対し、温度はとても狭い範囲にとどまっている量ということができます。

温度計測にそれほどの高精度が求められてこなかった背景には、つねにゆらいでいる現実の環境においては、計測するにしても外界を一定に保つことができず、厳密なコントロールが難しかったということもあるかもしれません。

今、コントロールと書きましたが、温度の面白いところとして、コントロールすることが非常に重要だということがあると思います。人間も含め、恒温動物にとっては生きていくために体温をいかに一定に保つかが大切です。そのために体内で自動的に温度制御を行っているわけです。地球温暖化の問題についても、重要なことは地球環境の温度をどうコントロールしていくかだ、という見方ができるかもしれません。

生体にしても地球環境のシステムにしても、それがよく機能していくには、環境温度が一定に保たれることが大切です。生体内ではたとえば、ある温度のときに酵素がうまく働きますし、ある温度より上がるとタンパク質は変性してしまいます。寒すぎれば体温を保てず、生命を維持できません。工業界でも似たようなことがいえるかもしれません。溶鉱炉にしても化学的に何かを製造するにしても、ことをうまく進めるためには、それに適した温度を保てるように設定することが不可欠でしょう。

どうやら温度に関しては、1ケルビンをいかに細かく分けていくかということよりも、あらかじめ決められているある温度をいかに一定に保てるか、あるいは適切にコントロールできるかが人間にとって重要なことだといえそうです。

逆転の発想から生まれた高温域の温度定点開発

温度を測る話に戻ります。太陽の表面温度は約6000度、ビッグバンは1億度。そのようにいったところで、実は私たちはその温度を正確に測る技術を持っているわけではありません。人間が見いだした温度定点は、今のところは3000度程度が限度となっています。

この章の冒頭で、温度は量的な把握が難しいと書きましたが、低温域での温度定点は近年、盛んに開発されてきました。しかし高温域の温度定点は温度測定が難しく、これまではあまり基準を定めることができてきませんでした。2000年ごろまでに見つかっていた温度定点で最高のものは銅の融点の1085度ですが、それ以上の高温についてはそれまで定点が存在せず、2000度が出せる電気炉といった場合でも正確に2000度と計測されたわけではなく「だいたい2000度」の温度にすぎませんでした。

なぜ高温域の定点が定まらなかったのでしょうか。それは、定点を見つけるには定点物質となる純金属を融かして凝固点を見つける必要がありますが、2000度以上もの高温で熱すると金属を融かするつぼ自体も反応して成分が融け出してしまい、中の金属を純粋な状態で保つことが難しかったからです。基準をつくるには確実に同じ現象を再現できなくてはならないので、純粋な物質を用いることが望ましいのですが、温度の場合、高温域になると物質の純粋さを保てず、他の物質に汚染されてしまう問題を解決できない状態が続いていたのです。

しかし、現代のエネルギー産業分野や新素材開発などの産業分野においては、高温域でも精度高く計測することで品質管理を高度に行いたいとか、コストのムダを省いて生産性を上げたい、安全管理をきちんとした状態で操業したいなどのニーズが高まっています。その中で研究者たちは高温域の温度定点を開発するために努力を続けてきました。私の所属する産総研の計量標準総合センターでは、この10年ほどで1100〜3000度の高温域で16個もの新たな温度定点を開発することに成功し、世界の温度標準分野をリードしています。

高温にするとるつぼの成分も溶け出して、中の金属が純粋でなくなってしまう。この問題に対し、これまでの研究者は金属を純粋に保つ方法を見つけようとチャレンジしてきました。これに対して研究チームは逆転の発想で挑みました。るつぼの成分が溶け出すのであれば、るつぼと金属が反応することをあらかじめ織り込んでおけばよいと考えたのです。

たとえば、白金をるつぼで溶解すると、その過程でグラファイト製のるつぼから炭素が溶け出して白金に混ざります。ある程度炭素が溶けてから白金を冷やすと、混ざった炭素が分離してきます。このとき完全に炭素が分離しきるまで一定の温度を維持する必要があり、その温度を「共晶点」というのですが、研究チームは共晶点も物質ごとにそれぞれ一定であることを明らかにし、これを定点として用いることができることを発見したのです。

この画期的な方法を用いることで研究チームは、1085度が最高だった温度定点を一気に2800度にまで引き上げることに成功しました。この定点は現在は日本国内の標準として使われていますが、国際的にはまだ合意された値となっていません。現在はこれを世界標準とするための国際プロジェクトが進んでおり、国際度量衡委員会で採択されれば、日常的に使われる国際温度目盛の高温域の部分が大きく広がることになります。SI単位系の「ケルビン」の単位の進化とは異なる話ですが、このような面でも温度という量を正確に計測するための努力は続けられています。

ここまで見てきたことで、温度という量はさまざまな現れ方をすることがおわかりになったと思います。熱い、冷たいと感じるものにもなるし、ものが溶けたり膨張したりという現象を通して把握することもできます。分子の動くスピードから見ることも、原子が動き回って周波数のスペクトルがぼやけることから見ることもできます。そのようにさまざまな現れ方をするものを、さまざまに把握することが試みられているわけですが、基本となる考え方はどれも共通しています。ミクロのスケールで原子なり分子なりがどのように動いているかを見る、ということです。ピタッと静止しているのか、勢いよくビュンビュン動き回っているのか。その動きを正確にとらえることが、温度を測るということなのです。

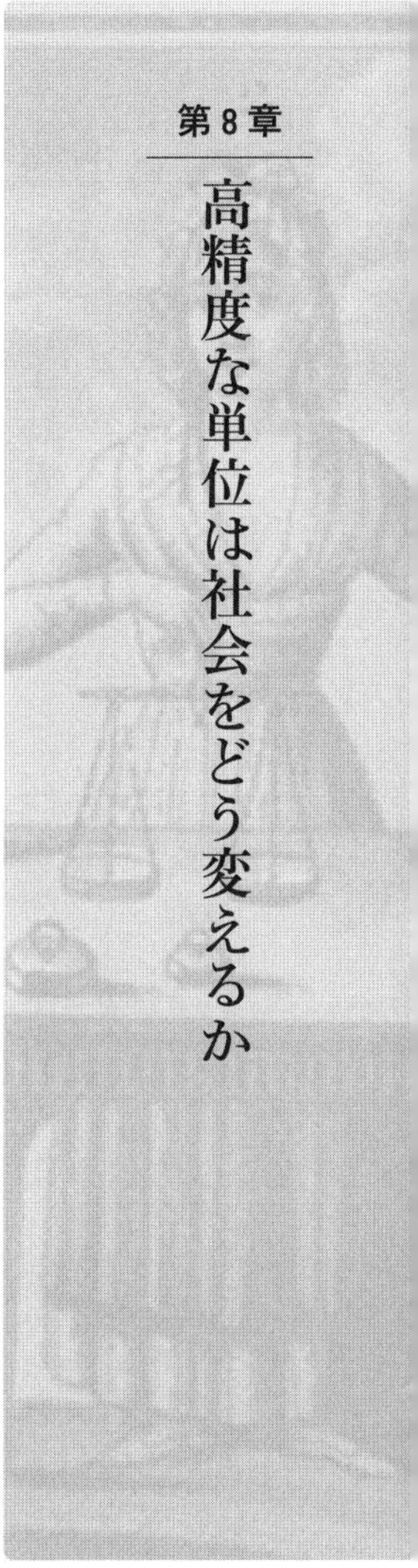

第8章
高精度な単位は社会をどう変えるか

土台が変われば、世界は活性化する

ここまで、七つのＳＩ基本単位のうち、長さ、質量、時間、電気、温度という五つの単位について、その進化のプロセスや現在の定義、そして今後の定義の改定の方向性などについて見てきました。ＳＩ基本単位には他に物質量の単位モルと明るさの単位カンデラがありますが、本書は物理量をどのように扱うかという視点をベースにしているため化学的な量であるモルは割愛し、また、カンデラは物理量だけではなく人間の感覚（視覚）も含めて考えられている特殊な量（心理物理量）であることから省略しました。

カンデラが人間の感覚を含めて基準としているのは、主として照明の明るさ計測を目的につくられた量だからです。物理的にどうであるかということよりも、その場で人の目にどのように見えるかが重視されるわけですね。一方、物理学の最先端においては、私たちのいる世界の明るさのもととなっているフォトン（光子）一つをどう計測するか、その場にあるフォトンの総量をどう正確に計測するかということに挑んでいますが、これは明るさ自体の計測より量子通信の実現に主目的があります。単位の進化を扱う本書の意図からは少し離れるため扱わないことにしました。

本書で取り上げた五つの単位のうち、長さはすでに基礎物理定数に基づいた単位となり、単位の進化のゴールに達しています。質量、電気、温度の三つは2018年に基礎物理定数に基づいたかたちで定義が改定される見込みで、改定が実現したら、やはりこれらも進化の〝上がり〟ということになります。残る時間は2026年ごろをめどに再定義される可能性があると考えられています。

それぞれの単位の再定義が実現し、すべてが基礎物理定数に基づいた定義に変わったとしたら、私たちの生活はどのように変化するのでしょうか。

定義が変わった瞬間に人々の日々の営み自体が激変するということは、基本的にはありません。では、定義が変わる意味はどこにあるのでしょうか。本書では、単位と科学技術が入れ子状になって進化してきたことを述べてきました。単位の定義を変えること、すなわち単位を進化させる最大の目的は、イノベーションを起こすことにあるといってよいと思います。

定義が改定されるということは、測られるものの量自体が変わるということです。測られるものが同じでも、より高精度に測られることでこれまでとは異なる数値が出てきます。より細かい量がわかれば、それによって新しい何かが生まれてくる可能性がありますし、それに応じた新しい計測技術も開発できるでしょう。土台となる量が変わるということは、その世界を活性化することにつながるのです。

どのような変化が起こりそうか、単位ごとに見ていきましょう。

●長さ

長さの定義は2009年に光周波数コムに基づいたものになり、すでに究極形まで進化しています。それ以前の標準（ヨウ素安定化ヘリウムネオンレーザ）に比べて精度は300倍も向上し、たとえば半導体のピッチ長の測定精度の向上やテラヘルツ波の精密計測などが可能になりました。これをベースにした新しい産業も創出できると期待されています。また、光周波数コムは天文学にも応用され（天文コム）、系外惑星の探索などに活用されています。

●質量

定義の改定が強く要請されてきた質量については、産業界への貢献度がとても高いものになるでしょう。質量に関しては、キログラムで非常に小さいものを測るには限界がある一方、原子のように極端に小さい物質の質量は別の原理を用いてすでに正確に測る技術があるそうです。しかしこれまではマクロのスケールとミクロのスケールのあいだの「メソスケール」といわれる範囲を精度よく計測する技術がありませんでした。改定によって実社会のスケールと基礎科学を結ぶメソスケールの範囲をより高精度に計測できるようになることで、創薬やバイオテクノロジー、あるいは微粒子の測定を要する環境計測など、ナノテクノロジーを扱う領域のイノベーション創出に大きく貢献できると考えられます。

●時間

時間は私の専門分野なので、別項を立ててくわしく述べたいと思います。

●電流

電気は現代社会を成り立たせる基盤であり、電流にしても電圧、抵抗にしても、量子ホール効果やジョセフソン効果などの普遍的な物理現象を利用して高精度に計測する技術はすでに確立し、実用上、ジョセフソン定数などを協定値として用いてきたのが現状です。〝SIではないがそれ以上に精度が高い〟という状態には、ある種の居心地の悪さのようなものが伴っていました。それが今回、電流は晴れてキログラムへの依存から解放され、電荷量eに基づいたかたちで再定義されることになる見込みです。基礎物理定数に基づいた定義が正式にSI単位系に組み入れられれば、電気の単位もようやく進化のゴールにたどり着くことになります。

●熱力学温度

これまで水の三重点の温度しか高精度に計測できなかったのが、ケルビンの再定義によってどの温度でも高精度に測定できるようになります。とはいえ、ケルビンの再定義が私たちの日常生活や産業界に及ぼす影響はとくにありません。私たちが使っている温度計はSI単位ではなく、1990年国際温度目盛（ITS-90）で測定されているからです。

影響はないといっても、長期的に考えれば、温度標準を決めるための温度計（一次温度計）の性能が向上することで、今後、一次温度計で計測した熱力学温度と国際温度目盛の差を計測する動きが活発になっていくと考えられます。国際温度目盛が高精度化すれば、いずれは国際温度目盛の改定という動きも出てくるでしょう。

産業界でのニーズが高い高温域については、産総研が提案した２７４８度までの複数の高温定点が実用化され、温度計の校正に用いられています。このうち性能の高い三つの定点については、これらを熱力学温度を用いて精密に測定する国際プロジェクトによって温度値と不確かさが決定され、ＳＩ単位系とは無関係ながら国際的にも承認された値となっています。こういった精度の高い高温域の温度定点も、将来的には温度標準の体系に組み入れられることがあるかもしれません。

光時計の先の時計と、時間計測技術の応用

時間の定義の改定はしばらく先になりますが、定義が決まったとしても私たちの挑戦はそれで終わりではありません。現在の周波数計測技術では可視光を用いていますが、その先にはより周波数の細かい紫外線や真空紫外線、Ｘ線、γ線があり、将来的にはそれらを用いた計測技術が開発されていくことは間違いないのです。すでに紫外線と真空紫外線については、これらの波長に対応する光周波数コムやレーザーが開発され、今後はその周波数の範囲で振動する原

子や原子核を見つけていく段階に入ります。

今「原子核」と書きましたが、光格子時計などの原子時計の次は「原子核時計」の時代がくると予測されています(「原子核」というと恐ろしいものに感じる人もいるかもしれませんが、原子核を分裂させたり融合させたりする場合と異なり、単に振動させるだけなので何も怖いことは起こりません)。原子核は原子よりも硬く、より高速で振動するので、原理的にはより正確な時計ができると考えられます。原子核の振動の速さはγ線レベルだとされ、実現した場合には10^{-18}〜10^{-20}というレベルの精度が見込まれます。世界中の研究者たちは、またここから終わりのない競争に入っていくのです。

社会への応用に関しては、原子(核)時計の「時間」と「周波数」という二つの面のうち、「時間」の面は通信分野への応用に、「周波数」の面は測定分野への応用につながっていきます。現在は光通信が普及し、以前と比べて格段に通信速度が高速化・大容量化していますが、原子時計や原子核時計の技術を応用すれば通信の爆発的な高速化・大容量化が実現するでしょう。その理由は「0」「1」の信号を電磁波に乗せて送るとき、周波数が細かいほど多く送れるからです。

長さ・距離の測定分野への応用は非常に多岐にわたると考えられます。時間の定義自体が長さとリンクしている(「1秒の2億9979万2458分の1の時間に光が真空中を伝わる行程の長さ」)ので、数万年に1秒も狂わない高精度の時計は長さを測るのにとても適したツールといえます。

時間によって距離を測る技術の代表例として、カーナビやスマホのアプリなどですでに私たちの日常生活に深く入り込んでいるGPSがあります。GPSのしくみは、地球上の高度2万キロメートルを周回するGPS人工衛星が発する電波を地上の受信機が受け取り、ふたたび人工衛星に返すまでにかかる時間から距離を割り出すというものです。GPS人工衛星は複数飛んでおり、そこに積まれた原子時計は1秒1秒正確な時間を刻んでいます。それらの原子時計は、人工衛星が電波を発した時間と地上の受信機が受信した時間を正確に測り、その時間の差から受信機の位置を判断します。時計の精度が上がればGPSの精度も当然上がり、現在の誤差は数センチメートル（これは理論上の数字で、現実には10メートルほど）となっていますが、いずれは1マイクロメートル程度の精度で測量が可能になると予測されています。

ここまで時計およびGPSが高精度化すると、時計の用途とは思えないようなことができるようになります。たとえば火山の噴火予知。GPSで火山周辺の地盤の変化を継続的に計測することで、わずかに土地が隆起するなどの地殻変動の兆候をいちはやくとらえることができるのです。すでに長崎県の雲仙普賢岳には1992年から溶岩ドーム近くにGPS観測点が設置され、ドームの膨張の経過を観測しています。

さらに、時計は重力センサーとして使えるようになるとも考えられます。イメージしにくいかもしれませんが、重力の強さというのは高度が違うと変わり、重力が変わると時間の進み方も違ってきます。高度が高いほうが重力が小さくなり、時間の進み方が速くなるわけです。その違いは1センチメートルで10^{-18}ほど。18桁なら現在の原子時計で計測できる大きさであり、実際に置かれた高さによって異なる原子時計の原子の周波数の違いは、現代の技術でしっかり計測できています。

この技術を利用するのが重力センサーで、それができれば地下を可視化できるようになると考えられます。たとえば、重力センサーを車に積んで砂漠を走ったら、重力が弱いところが見つかったとします。重力が弱いということは地下が岩盤ではなく空洞である可能性が高く、そこに何かがあるかもしれないと期待できるわけですね。もしかしたらそこには石油があるかもしれません。そのような地下資源の探索も考えうる用途の一つですし、地下の様子を把握できれば地震予知に応用される可能性もあるでしょう。

目を宇宙に転じると、周波数分析技術は天文分野で地球型惑星の探索に応用されています。2017年に「重力波」を世界で初めて直接観測した国際研究チーム「LIGO」を率いた3人のアメリカの物理学者がノーベル物理学賞を受賞しましたが、重力波の観測を実現した技術も、やはりこういった周波数測定・分析技術を応用したものです（重力波を計測する技術についてはコラム④でも触れています）。

単位は科学と社会をつなぎ、ミクロとマクロをつなぐ

このように単位や標準が進化しても、それらが社会と直接的につながるかどうかはまた別物というところもあります。第5章で天文時・原子時・協定時について説明したのは、社会と、単位・標準というサイエンスをつなぐための複雑なしくみ（工夫）を知っていただきたいという思いもあったからです。社会とのつながりという観点においては、時計は時系という社会システムを維持するためにあるもので、「今何時？」と聞かれたときにいつでも正確な時間を答えられるシステムがあることが何より大切です。精度が上がることも重要ですが、社会で使われている推奨周波数がズレないこと、すなわち、それまでの技術と整合性をとり、社会に不便さを与えないこともまた、とても重要なことなのです。精度を上げることは進化の量的な側面ですが、一方で、社会の中での使いやすさといった質的な観点も重要であることを、私たち研究者は忘れてはならないと思っています。

本書は単位の進化をテーマとしていましたが、単位の進化とはそのままほとんど物理学の進化のことでもあります。より細かく見たい、より遠くを見たい。見たいもの、知りたいことがミクロな現象でもマクロな現象でも、その思いを実現しようとする過程では、必ず精密に測ることとつながります。

正しく測り、基準と測られる量を比べてコミュニケーションをとる。そのときには単位が必

要であり、もしその単位では求められる性能が出せなくなっていれば、単位を進化させようという動きが起こります。科学はそれによって進化し、進化した科学によって単位はさらにまた進化していきます。単位のために始めた研究ではなくても、結果として単位を進化させることもあります。科学と単位は進化の両輪であり、科学が進化すれば単位は高精度になり、単位の精度が上がることで、科学もさらにその先へ行ける。そのような切っても切れない関係にあるものなのです。

2018年のSI単位の定義の改定では「基礎物理定数」がキーワードになります。それはさまざまな実験から得られる、自然現象を記述するための基本的な方程式に不可欠な定数ですが、自然現象は日常のスケールとはまったく違うので、基礎物理定数はたいてい桁数が小さすぎたり大きすぎたりします。たとえば、プランク定数は10^{-34}、アボガドロ定数や　ボルツマン定数は10^{-23}でした。見方を変えればそれは、人間の知的な境界がミクロの世界や宇宙のようなマクロの世界まで認識できるようになった結果の反映である、ということもできるでしょう。物理学者が人間の知的な境界を広げることに没頭し、その結果として発見されたのがミクロとマクロをつなぐ基礎物理定数である、ということなのです。

人間のイマジネーションは無限大で、ミクロの世界にもマクロの世界にも自由に行き来できます。そのような人間の創造性によって単位はここまで進化を遂げ、さらにこの先も進化していくのだと私は思っています。

参考文献

イアン・ホワイトロー『単位の歴史―測る・計る・量る』（冨永星 訳）大月書店（２００９年）
臼田孝『新しい1キログラムの測り方―科学が進めば単位が変わる』講談社ブルーバックス（２０１８年）
計量研究所 編『超精密計測がひらく世界―高精度計測が生み出す新しい物理』講談社ブルーバックス（１９９８年）
ケン・オールダー『万物の尺度を求めて―メートル法を定めた子午線大計測』（吉田三知世 訳）早川書房（２００６年）
小泉袈裟勝『歴史の中の単位（新装版）』総合科学出版（１９７９年）
佐藤文隆・北野正雄『新ＳＩ単位と電磁気学』岩波書店（２０１８年）
櫻井弘久『〈新コロナシリーズ19〉温度とは何か―測定の基準と問題』コロナ社（１９９２年）
産業技術総合研究所『きちんとわかる計量標準』白日社（２００７年）
自動制御学会 編、山﨑弘郎・田中充 共著『〈計測・制御テクノロジーシリーズ1〉計測技術の基礎』コロナ社（２００９年）

髙田誠二『単位の進化―原始単位から原子単位へ』講談社学術文庫（２００７年）
松本栄寿『「はかる」世界―「魂のはかり」から「電気のはかり」まで』玉川大学出版部（２０００年）
安田正美『１秒って誰が決めるの？―日時計から光格子時計まで』ちくまプリマー新書（２０１４年）
ロバート・P・クリース『世界でもっとも正確な長さと重さの物語―単位が引き起こすパラダイムシフト』（吉田三知世 訳）日経ＢＰ社（２０１４年）
和田純夫・大上雅史・根本和昭『新・単位がわかると物理がわかる―ＳＩ単位系の成り立ちから自然単位系まで』ベレ出版（２０１４年）

あとがき

進化という考え方は、もともとは生物学に由来します。生物は、外部環境の変化に対応して生き延びるというただ一つの目的のために、多様化の方向性をもって進化してきました。一方、同じように進化をたどってきた単位については、その定義（definition）と実現手段（realization）を分離することによって、普遍性、不変性、高精度という目的のために、定義については統一、実現手段は多様化の方向性をもって進化してきました。このようなシステムのおかげで、その時々の科学技術の進歩に応じて、発展する余地を残しました。ＳＩ（国際単位系）は、開放的なシステムであり、フレームワークであるといえます。それはある意味で、物理的な実態のない単なる約束事ともいえるのですが、適切に設計されていれば、自然に進化・発展していくものだと思います。

単位と言葉のアナロジーを第1章に記述しましたが、それにまつわる子供のころの思い出が一つあります。当時実家には、日立製作所製のカラーテレビがあり、そのフロントパネルに「キドカラー」と書いてありました。親にこの意味を尋ねたところ、「キドはわからないが、カラーは色という意味の英語だ」と教えてもらいました。そのとき、異なる言語でも同じ概念を表現できるという以上に、カタカナという日本語で英語を表現できることを知り、とても驚いたことを覚えています。「日本語は英語を包括するのか？」このことを単位の世界でたとえるならば、ある棒の長さをメートルで表現するか、インチで表現するかということに留まらず、異なる単位系相互の関係について考えが及んだことになると思います（ちなみに、「キド」とはカラーテレビの輝度を上げるために、希土類元素をブラウン管の蛍光体として用いたことに由来するそうです。イッテルビウム光格子時計に使われるイッテルビウムも希土類元素の一つです）。

2018年のSI大改定のあとに残されるのが、時間（秒）の再定義です。これは、2026年以降に予定されていると聞いています。そのおもな内容はマイクロ波領域の原子（セシウム）の共鳴から、光領域の原子の共鳴を用いるというものです。いずれにせよ、ある特定の原子の性質に依存したものです。その再定義後もなお、基礎物理定数に基づくものではありませんので、秒の定義は、「上がり」とはなりません。ということは、秒の定義はまだ進化の余地を残しています。

さて、単位の再定義に伴う懸念もあります。それは生臭い現実的な話です。ある単位の再定義をめざしている段階だと、それが明確なゴールともなり、研究開発が活気づきます。しかし、再定義が達成された場合、研究費が止められる恐れもあります。「再定義が達成されたから、もう研究の必要はないよね？」といわれてしまう懸念です（実はそもそも、メートル決定のための測量のころからそのような困難はありました。「もう測量は切り上げて、早くメートル原器をつくってよ」）。でも、もしかしたらその懸念は杞憂かもしれません。なぜなら、いち早く光速という基礎物理定数に基づく定義となり、定義としては、「上がり」となった長さについての研究を見ればわかります。1983年以降も現在に至るまで、引き続き、基礎から応用までの幅広い研究開発が進んでいるのです。

このように、終わりのない側面を持つ単位や計測についての研究開発ですが、それを支えるのは若い人たちのこの分野への絶え間ない参加です。それを促すためにも教育的観点が重要となります。理系の学問は、多くの場合、力学、電磁気学、熱力学のように、縦割りになりがちですが、単位に関することはそれらに横串を通す役割を果たし、あらゆる理系的学問にとって優れた教材になると思います。また、本書で繰り返し述べたように、単位は科学と社会との接点でもあるので、人文科学的にも有益であると考えられます。

最後に、光コムの開発により、2005年にノーベル物理学賞を受賞した、アメリカのジョン・ホール博士の言葉で、本書を締めくくりたいと思います。
Metrology - Mother of Science.（度量衡学は科学の母である）

安田　正美

2018年7月

＊本書は個人の見解であり組織を代表するものではありません。
＊正確さよりもわかりやすさを優先しました。
＊誤解など含まれるかもしれません。ご批判・ご教示いただければ幸いです。

安田正美（やすだ・まさみ）

1971 年、広島県生まれ。世界一大きな砂時計がある島根県仁摩町で育つ。

1998 年、東京大学大学院工学系研究科博士課程修了。博士（工学）。

アメリカ・イェール大学博士研究員、東京大学助手を経て、現在、産業技術総合研究所計量標準総合センター時間標準研究グループ グループ長。

専門は光周波数標準、時間標準。

現在のおもな研究テーマは、光格子時計の高精度化・可搬化・高信頼化。

著書に、『1秒って誰が決めるの?』（筑摩書房）がある。

DOJIN 選書　078
単位《たんい》は進化《しんか》する　究極《きゅうきょく》の精度《せいど》をめざして

第 1 版　第 1 刷　2018 年 8 月 20 日

検印廃止

著　　者　安田正美
発 行 者　曽根良介
発 行 所　株式会社化学同人
600 - 8074　京都市下京区仏光寺通柳馬場西入ル
編集部　TEL：075-352-3711　FAX：075-352-0371
営業部　TEL：075-352-3373　FAX：075-351-8301
振替　01010-7-5702
https://www.kagakudojin.co.jp　webmaster@kagakudojin.co.jp
装　　幀　BAUMDORF・木村由久
印刷・製本　創栄図書印刷株式会社

ISBN978-4-7598-1678-5